原谅的自由

[美] 罗伯特·恩瑞特 Robert Enright ◎著
舒美玲 ◎译

华夏出版社
HUAXIA PUBLISHING HOUSE

图书在版编目（CIP）数据

原谅的自由 /（美）罗伯特·恩瑞特（Robert Enright）著；
舒美玲译 . -- 北京：华夏出版社有限公司, 2023.6
书名原文：8 Keys to Forgiveness
ISBN 978-7-5222-0283-9

Ⅰ . ①原… Ⅱ . ①罗… ②舒… Ⅲ . ①人生哲学—研究 Ⅳ . ① B821

中国版本图书馆 CIP 数据核字（2022）第 019243 号

Copyright © 2015 by Robert Enright
This edition published by arrangement with W. W. Norton & Company, Inc., 500 Fifth Avenue, New York, NY 10110. All rights reserved.
Simplified Chinese Copyright © 2023 Huaxia Publishing House Co., Ltd.

版权所有，翻印必究。
北京市版权局著作权合同登记号：图字 01-2021-6595 号

原谅的自由

作　　者	［美］罗伯特·恩瑞特
译　　者	舒美玲
责任编辑	赵　楠
出版发行	华夏出版社有限公司
经　　销	新华书店
印　　装	三河市少明印务有限公司
版　　次	2023 年 6 月北京第 1 版　2023 年 6 月北京第 1 次印刷
开　　本	710×1000　1/16 开
印　　张	19.5
字　　数	220 千字
定　　价	59.00 元

华夏出版社有限公司　网址：www.hxph.com.cn　电话：（010）64663331（转）
地址：北京市东直门外香河园北里 4 号　邮编：100028
若发现本版图书有印装质量问题，请与我社营销中心联系调换。

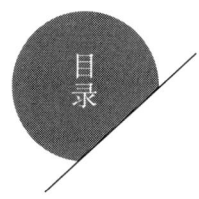

前言 / 1

Chapter 01
原谅为何重要以及它是什么

一个无法被原谅的母亲 / 003

原谅的重要性：科学是怎么说的 / 004

一些显而易见的好处 / 012

那么，什么是原谅呢？/ 019

常见的问题 / 025

一些勇于宽恕的勇士 / 026

更多的问题 / 032

Chapter 02
做好原谅的准备

/035

不止失去一个儿子 / 038

阿米什人的宽恕 / 040

做好原谅准备的七个原则 / 041

骄傲和权力 / 048

通过练习增加你的爱、仁慈和原谅 / 057

走向未来 / 067

Chapter 03
找到疼痛的根源,消除内心的混乱

/069

理解不公正行为和它产生的后果 / 071

弄清楚该原谅哪些人,并为他们排序 / 075

在确定伤害你的人之前:关于二次创伤的注意事项 / 079

找出可能伤害过你的人 / 082

谁对你的伤害最大? / 088

七种内心创伤 / 088

我们该从哪里开始?谁需要被原谅? / 098

Chapter 04
培养原谅的思维

/101

为对抗伤害你的人所做的热身:一个案例研究 / 103

培养原谅思维的准备步骤 / 105

对于"想象这个人的一生"进行的提问 / 115

权力对这个人的影响 / 117

关于练习 8 的提问 / 122

关于练习 12 的提问 / 131

当你不断强化关于原谅的想法时，你会期待什么 / 133

Chapter 05
/137 从你的痛苦中寻找意义

从痛苦中寻找意义的例子 / 139

当我们看到我们的痛苦没有任何意义时 / 140

寻找意义的真正含义是什么？ / 143

在痛苦中寻找意义不意味着什么 / 145

从遭受的痛苦中寻找专属于你的意义 / 145

练习从自己的痛苦中寻找意义 / 149

关于在痛苦中寻找意义的问题 / 162

最后的练习：强化你在痛苦中寻找意义的能力 / 168

Chapter 06
/171 当难以原谅的时候

难以宽恕的故事 / 173

保护情绪健康的练习 / 176

通过更具体的练习来原谅那些难以宽恕的人 / 182

关于难以原谅的问题 / 208

即使困难，也要面对未来 / 209

Chapter 07
/211 学会自我原谅

围绕着自我原谅的争议 / 214

那么，什么是自我原谅呢？ / 221

关于自我原谅的问题 / 241

自我原谅和你的未来 / 244

Chapter 08
/247 发自内心地原谅

一个打开原谅之心的案例研究 / 249

学会发自内心地原谅 / 254

当原谅的时候，你的爱要超越你的洞察 / 256

关于原谅与爱的问题 / 261

找到你在克服痛苦中的新意义 / 267

关于世界观和寻找意义的问题 / 270

原谅后新的生活目标 / 272

最后：你心中的爱可以带来快乐 / 278

在这个地球上，留下一个爱的遗产 / 279

黑夜已经远去，黎明即将到来 / 280

附录 / 281

推荐阅读 / 288

参考书目 / 290

练习索引

Chapter 01　原谅为何重要以及它是什么／001

练习1：思考一下原谅为什么如此重要／014

练习2：审视这些提醒事项／017

Chapter 02　做好原谅的准备／035

练习1：许下原谅的承诺／043

练习2：练习爱的小举动／046

练习3：你对原谅的理解如何受到权力或爱的影响／051

练习4：认清世界上的权力／054

练习5：在权力世界中看到你的行事方式／056

练习6：训练自己的思维以使用更清晰的视角、奉献之爱和仁慈／058

练习7：培养更清晰的视角和奉献之爱／060

练习8：从日常小烦恼中练习培养更清晰的视角、奉献之爱和仁慈／062

练习9：在不同的情况下要始终如一地去原谅／063

练习10：坚持练习原谅／066

Chapter 03　找到疼痛的根源，消除内心的混乱／069

练习1：谁伤害了你？／082

练习2：对你内心世界的考验／096

Chapter 04　培养原谅的思维／101

练习1：把这个人想象成一个婴儿／106

练习2：想象这个婴儿的内在价值／107

练习3：把这个人想象成一个小孩子／108

练习4：把这个人想象成一个青少年／109

练习5：把这个人想象成一个年轻人／111

练习6：把这个人想象成一个中年人／112

练习7：把这个人想象成一个老年人／113

练习8：在受伤的时候，更清晰地洞察人心／118

练习9：使用全局观来看待这个人／124

练习10：使用永恒的视角来看待这个人／126

练习11：那么，这个人是谁呢？／128

练习12：更清楚地看到自己是谁／130

练习13：通过不断探索自己，变得更强大／132

练习14：最后的思维练习／134

Chapter 05　从你的痛苦中寻找意义／137

练习1：发现短期目标中的意义／149

练习2：在制定的长期目标中寻找意义／150

练习 3：在工作中寻找意义 / 151

练习 4：站在真理中寻找意义 / 152

练习 5：从成为良善的人中发现意义 / 153

练习 6：尽管你遭受了痛苦，但你依然保持良善，在这一事实中找到意义 / 154

练习 7：在强化的决心中找到意义 / 155

练习 8：在美中寻找意义 / 156

练习 9：在服务他人中寻找意义 / 158

练习 10：在原谅和被原谅中寻找意义 / 160

练习 11：在信仰中寻找意义 / 161

练习 12：日常陈述 / 168

练习 13：对意义排序 / 169

练习 14：重新评估你是否做好了原谅的准备 / 170

Chapter 06　当难以原谅的时候 / 171

练习 1：首先，也是最重要的，保护你与生俱来的价值 / 176

练习 2：用长远的眼光看问题 / 177

练习 3：对自己温柔一点 / 179

练习 4：尽你所能与善良和明智的人为伴 / 180

练习 5：必要时寻求专业帮助 / 181

练习 6：谦逊 / 182

练习 7：勇气 / 184

练习 8：一次做一点 / 186

练习 9：练习耐心 / 188

练习 10：策略性地利用时间 / 189

练习 11：了解并练习运用坚强的意志／190

练习 12：了解并练习承受痛苦／192

练习 13：宽恕勇士是你的榜样／194

练习 14：原谅他人胜过原谅自己／196

练习 15：必要时，修正你对权力和爱的看法／197

练习 16：在牺牲中寻找意义／198

练习 17：从一个更简单的练习开始／203

练习 18：从另一个可能更难原谅的人开始／203

练习 19：将你的原谅之旅交给"至高无上的力量"／205

练习 20：当无法理解不公正的时候／206

Chapter 07　学会自我原谅／211

练习 1：在自我原谅之前：你的自我判断力会过于苛刻吗？／223

练习 2：选择一个真正需要自我原谅的事件／224

练习 3：这种令人失望的行为造成了哪些后果？／225

练习 4：知道什么是自我原谅，什么不是／228

练习 5：更深入地了解你是一个什么样的人／229

练习 6：对自己仁慈／230

练习 7：忍受你的行为给自己和他人带来的痛苦／232

练习 8：把对自己的仁慈看成是一份礼物／234

练习 9：当自我原谅时，你在学习什么？／235

练习 10：寻求他人的原谅／236

练习 11：为补偿或其他形式的正义而努力／240

Chapter 08　发自内心地原谅／247

练习1：在希望中成长／251

练习2：想一想那些你爱的和爱你的人／253

练习3：做好在原谅的同时练习爱的准备／255

练习4：体验爱……为了伤害你的人／256

练习5：当你表达爱的时候，你是谁？／262

练习6：心灵洞察：你的情绪疗愈进展如何？／264

练习7：了解你的世界观／266

练习8：通过在爱中成长来寻找意义／267

练习9：因为遭受了痛苦，所以你更懂得施以善意——从这一见解中找到意义／269

练习10：审视你在生活中的新目标／272

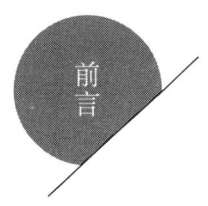

前言

每当我和一位挚友倾诉我的痛苦时,她总是会很迅速地问我:"你原谅……了吗?"无论我生气或抱怨的是谁,她都会这么问。说实话,我有时会觉得这很让人恼火。原则上,我并不反对原谅。只不过在我原谅别人之前,我通常会感到曾经或现在的自己是多么愤怒、沮丧、失望或受伤。而且坦白说,如果这是我的选择,我想保留不原谅别人的权利。然而,我不得不承认,我这位宽宏大量的朋友比我要豁达得多。她似乎并不在意那些我觉得恼人或受辱的行为。她比我睡得更香、更长。所以我很好奇,她是否也会这么快地原谅那些罪犯?

《韦氏大词典》第十版将 forgiving 定义为"允许犯错或宽宏大量的",将 to forgive 定义为"停止怨恨"。恩瑞特的理念关键在于,将"原谅"和"容忍或忘记曾经所受的伤害"进行了明确的区分。他强调,这完全是两码事。对此,我也深表赞同。**原谅,让我们认识到人性的弱点,即每个人都会(而且确实会)伤害别人。但我们绝不能因此就容忍这种伤害,或以此为借口免除施害者对其行为或所欠赔偿的责任。**

原谅往往对于那些受到伤害的人更有益处。怨恨和痛苦会对其身体和心灵造成更大的伤害。这就是为什么恩瑞特会认为原谅和宽恕可以拯救你的生命。没有怨恨和痛苦的心灵更平和,因此身体的压力也更小。我们都知道,减少压力对我们的血压、心脏、免疫系统等都是有益的。所以,最重要的是,**原谅确实更有利于你自己的健康,而不是为了让他人受益**。

你之所以会选择这本书,可能是因为你的生活中有一个或多个关于原谅的两难困境。某人(或某些人)伤害了你,而你不仅曾经受到了伤害,可能此刻还在继续受着伤,因为你不知道该不该原谅伤害过你的人(或人们)。你可能满脑子都是这些两难困境,或者你可能会时不时地重新想起它们。你想知道原谅会不会让冒犯者免于受责,或者通过给予原谅,你会感觉更好还是更糟。又或者,也许你是那个冒犯他人的人,你想请求原谅,无论是来自对方的原谅,还是你的自我谅解。所有这些情况都是令人痛苦的困境。这本书将带给你更多新的思考方式和练习工具,使你现在或将来面对类似的困境时,能够做出决定。

市面上有很多讨论原谅和宽恕的宗教书籍,但这本书并不涉及。书中的内容无关宗教文化,而是用非宗教的观点阐明了原谅和宽恕对每个人的好处。就像生活中的大多数事情一样,原谅或不原谅通常是个人的决定,要根据具体情况而定。每个人都在挣扎。这是一个道德问题吗,还是精神性问题、心理健康问题,抑或是人性问题?当我们选择原谅和不原谅时,带来的后果是什么,有哪些好处和风险?恩瑞特讨论了这些主题以及更多的内容,而且写得通俗易懂,读者会发现,他提供的信息和练习方法对解决问题是很有用的。

原谅与宽恕是互联网上的一个热门话题。网络搜索显示，成千上万的内容都是关于这个话题的，每种类型都有许多子主题，讨论的是很具体的问题，比如：

我该如何原谅我丈夫的撒谎？

我该如何原谅自己过去犯的错误？

我该如何原谅一个不断伤害我的人？

我该如何原谅一个出轨的男朋友？

我该如何宽恕虐待儿童的人？

……

总之，人们不仅忍受着对他们造成的伤害，还承受着这些伤害带来的后果。那些在互联网上搜索这些问题答案的人就是活生生的例子，他们不仅因为受到伤害而痛苦，也因为他们不能或不愿原谅而痛苦。

但问题是，"原谅还是不原谅"？西蒙·维森塔尔，一个纳粹集中营的幸存者，以"二战"后的"纳粹猎人"而闻名，他在其著作《向日葵：原谅的可能性和局限》（1969）中提出了这个问题。维森塔尔在书中叙述了他在大屠杀期间的经历，正是这些经历导致他质疑原谅和宽恕在人际关系中的作用。作为一名被囚禁在纳粹集中营的囚犯，他有过一次独特的经历：他在一家医院工作时，被叫到了一名垂死的纳粹党卫军军官的床边。一名护士偷偷把他带进房间，因为医院不允许附近纳粹集中营的犹太人进入病房。这房间更像是一间死亡室，毫无疑问，这名纳粹军官的时间所剩无几了。被允许进入这间病房让维森塔尔觉得非常奇怪。更奇怪的是，这名濒死的军官希望向维森塔尔忏悔，向他讲述自己做过的最糟糕的事。最后，这名军官请求维森塔尔原谅并宽恕他犯下的可怕的纳粹罪行，他希望自己能"平静地死去",但他的良心太不安而无法做到这一点。

维森塔尔承受着这一请求的压力,没有给予军官宽恕就离开了房间。但维森塔尔做出这个决定并不容易。军官的请求在他醒着和做梦时都纠缠着他。他和集中营里最亲密的朋友们讨论了这件事,但他们无法理解他内心的冲突。他们确信他做得对,他不应该宽恕党卫军军官,因为那样做是错误的。

奇迹般的是,尽管维森塔尔遭受了疾病和饥饿的折磨,但他仍生存了下来,他最亲密的朋友们却离开了人世。在他被释放之前,他和一个即将成为牧师的囚犯同伴待了一段时间。这个年轻人并不像维森塔尔的其他朋友那样确定那个关于宽恕的问题的答案。这个即将成为牧师的人认为,维森塔尔可以原谅那些冒犯者对他个人造成的伤害,而无法宽恕他们对其他人造成的伤害。不过,他也明白,纳粹军官无法请求那些已经被杀害的人的宽恕,因此只能寻求维森塔尔作为某种意义上的代表。这个即将成为牧师的人还相信,纳粹军官已经表现出了真诚的悔恨,因此对他给予宽恕是有必要的。

在这本回忆录的结尾,维森塔尔提出了疑问:他当时拒绝原谅和宽恕到底是否正确?这是一个一直困扰着他的问题。并且,他让读者们扪心自问:"如果是我,我会怎么做?"然后,他向很多知名人士提出了同样的问题,接下来的内容就是由他们大量的、不同的回答组成的。我希望你在阅读《原谅的自由》之前,也考虑一下你会如何回答。在读完本书后,再重新回答这个问题。

通过你手里的这本书,恩瑞特将帮助你明白为什么原谅和宽恕在你的生活中很重要,以及它如何使你成为一个更宽容的人。他会向你提供确凿的数据,来说明原谅对你的情绪和身体健康带来的好处。他还会为你提供应对原谅困境的策略。而且在我看来,最重要的是,他会帮助你——先去原谅你自己。

巴贝特·罗斯柴尔德
本书英文版编辑

Chapter
01

原谅为何重要以及它是什么

原谅是一份安静的礼物，你将它放在那些伤害过你的人的家门口。有些人从未打开门接受它，但对于那些接受了它的人，你给了他们第二次机会，让他们过上美好的生活。而且，无论对方是否接受，当你原谅别人的时候，你也给了自己再一次拥抱美好生活的机会。

原谅和宽恕别人可以拯救你的生命。没有人想要在治愈自己这件事上浪费时间，最好是能马上找到特效药。如果我不相信它很重要的话，那么我肯定不会花费过去30年的时间，一直在研究原谅和宽恕的问题。有时候，生活给了我们太沉重的打击，以至于当我们去寻求疗愈的方法时，选择变得狭隘。我从未发现有什么方法比原谅更能有效地治愈内心深处的创伤了。原谅是一剂良药。本章的目的就是与你分享这一见解，以便为你自信地使用其他方法做好准备，阅读本章时，你正在踏上一条通往幸福和健康的正确道路。

一个无法被原谅的母亲

肯尼斯的行李还没有收拾好。他在美国的另一个地方得到了他梦寐以求的工作，但他却不知道该如何离开。他很郁闷，很沮丧。他和母亲卡门的亲子关系早已不复存在，因为他从小就忍受着来自母亲持续的、严厉的批评。最近，卡门试图与肯尼斯和解，因为他已经长大了，她也不再有抚养他的压力。然而，一想到要和母亲见面，肯尼斯就勃然大怒。他已经筋疲力尽了。"我现在不想见她——她夺走了我的童年。"肯尼斯争辩道。然而，他感到彻底失败了。在内心深处，他开始为所有的冲突而责怪自己。"我做错了什么？我还能做些什么改变呢？"他一遍又一遍地想。这些自责和自我质问在他的脑海里盘旋，导致他无法专心收拾行李。

猜猜他开始讨厌谁了——**他自己**。当他开启内心的对话时，肯尼斯也开始严厉地批评自己。他内心的对话总是围绕着他的不足、他的失败，他似乎无法被爱。他开始不喜欢自己的样子。

你也许有和肯尼斯相似的经历，也许没有。但很可能，你也听到了自己内心自责的声音——那些在你脑海中反反复复传递着的曾经的失败和错误行为。自我批评似乎是我们生命中的一部分。然而，如果我们不小心，这些批判性的内心对话就会对我们造成伤害，甚至比最初的不公正待遇造成的伤害更严重。在这种情况下，不公正待遇赢得了两次胜利：第一次是它本身的伤害行为，第二次是它的影响涉及了我们生活的各个方面。

肯尼斯在治疗初期就表示，他永远不会原谅母亲多年前的无情批评。这太过分了。肯尼斯宣称他永远不会原谅他的母亲并不是对宽恕疗法本身的蔑视,他只是想友好地警告治疗师,治疗不会起作用。他这么说,更多的是为了治疗师,而不是为了他自己——这样当治疗失败时,治疗师不会感到太难过。

尽管最初持悲观态度,但肯尼斯还是继续审视着原谅。就像我们在本章开始讲述的那样,他拿着其他几把钥匙,进入了一扇又一扇原谅的门。在治疗结束时,肯尼斯不仅原谅了他的母亲,而且还同意与母亲见面,去听听母亲的想法,并提醒自己会以真诚和开放的心态倾听。他的抑郁症在治疗开始时很严重,但现在消失了。有时候,抑郁症可能会周期性地反复,但在这一案例中,肯尼斯在结束治疗四个月后,抑郁症仍然没有出现。

肯尼斯对自己有了更深的认识,对生活也重新充满了活力和热情。他最终收拾好了行囊,离开家乡去追求他梦想的工作。他母亲多年前的粗暴行为给他造成的影响现在已经消失了。肯尼斯的生活又回来了。

原谅之所以重要,主要是因为它能扭转所有你可能相信的关于自己的谎言。你不会被别人的不公正行为打败,你可以克服沮丧、可以停止内心对自己的指责和评判、可以改变较低的自我评价,重新开始喜欢自己。原谅能治愈你,让你的生活充满意义和目标。原谅很重要,而你将成为它的受益人。

现在是检验证据的时候了,让我们开启第一扇门吧。

原谅的重要性:科学是怎么说的

我们将从科学发现开始讨论,这些发现是我从 1989 年开始收集的。正如你将看到的,原谅他人会给宽恕者带来强大的心理效益。

减少抑郁

苏珊娜·弗里德曼和我做了一项科学研究。在这项研究中，我们帮助那些在乱伦中幸存的女性去原谅当时侵犯她们的人。正如你将在后面看到的，这并不意味着我们鼓励她们寻求和解。她们经历了一个为期14个月的宽恕疗程，包括承认自己的愤怒和悲伤，承诺会原谅侵犯者，试着尽可能深入地理解侵犯者（我们将在第四章论述），试着尽她们所能去发现侵犯者内心深处的伤（不是宽恕和原谅他，只是为了更好地理解他），培养同理心（如果有可能的话），并从她们所遭受的痛苦中找到新的意义（见第六章）。14个月后，那些最初在心理上患有抑郁症的女性，完全康复了，就像肯尼斯的情况一样。至少在接下来的14个月里，当我们又去重新评估她们的抑郁水平时，她们依然没有出现抑郁症。宽恕使这种治愈成为可能。[1]

尽管有了这一积极的结果，我们还是不能草率地下结论说，每个试图原谅的人在治疗结束其时抑郁症都会痊愈。不同的人会有不同的结果。然而，即使对那些只得到一点缓解的人来说，这一点改善肯定比从未尝试过原谅和从未经历过抑郁水平的变化要好。

减少焦虑

我们都知道焦虑的感觉是多么令人不舒服，比如，很难放

---

[1] 弗里德曼，S.R.，& 恩瑞特，R.D.(1996). 宽恕是对乱伦幸存者进行干预的目标. 咨询与临床心理学杂志，64(5)，983–992. http://dx.doi.org/10.1037/0022-006X.64.5.983.

松和集中注意力。我们的身体可能会因为肌肉紧张和疲劳而感到疼痛。当我和同事们帮助那些住在戒毒康复中心的人去原谅那些粗暴对待他们的人时，他们的焦虑感不仅降低了，而且还恢复到了正常水平。他们的宽恕实践也帮助他们恢复了情绪健康。当我们在四个月后重新评估时，他们依然保持着健康。[1] 我们在其他研究中也看到了这种焦虑感的减少，比如上面描述的对乱伦幸存者的研究，甚至是对在学校里挣扎的青少年的研究。

减少不健康的愤怒

并非所有的愤怒都是不健康的。当我们受到不公平的待遇时，愤怒是很正常的。毕竟，别人应该像我们对待他们那样对待我们，这是最起码的尊重。在这种情况下感到愤怒，就是向别人表明我们有自我价值感，并希望得到公平的对待。然而，还有一种不健康的愤怒，它会扎根于我们的内心，不容易减少或消除。这种愤怒会让我们持续感到不舒服、不开心，甚至对他人产生不恰当的攻击性。这种愤怒最终会导致我们情绪上的并发症，如抑郁；也会导致我们身体上的并发症，如疲劳及其引发的缺乏锻炼、体重增加，甚至心脏受损。

我们多年来的研究一直表明，当人们能够并愿意去体验原谅的过程时，愤怒就会减少。在对戒毒康复中心人员的研究中，我们发现当他们原谅了施暴者之后，他们的不健康的愤怒水平有了显著的下降。事实上，治疗结束后，在和我们的随访中，他们的愤怒水平都是正常的。而在接受宽恕治疗之前，当他们

---

[1] 琳，W.F.，麦克，D.，恩瑞特，R.D.，克拉恩，D.，& 巴斯金，T.(2004). 宽恕疗法对医院药物依赖患者的愤怒、情绪和药物使用脆弱性的影响.

感到强烈的愤怒时,他们常常会去酗酒和(或)吸毒,以减轻别人残酷对待他们的痛苦,以及他们内心的愤怒。

我和我的同事还发表了一项研究,表明原谅不仅能减少愤怒感,还能改善心脏功能,而心脏功能会受到一个人愤怒程度的影响。我们以一家医院的心脏病科的男性为被试展开研究。当然,他们所有人的心脏功能都已经受到了损害,他们被选中参加这项研究是因为他们仍然对至少一个对他们不公平的人怀有相当大的愤怒之情。在宽恕疗法之前,当我们让这些男性讲述他们被不公平待遇所伤害的故事时,他们心脏的血流量会减少。而在接受宽恕治疗之后,当他们重述那些被不公平对待的故事时,他们心脏中的血液没有减少。正如那家医院的心脏病科主任告诉我们的,我们已经帮助这些人减少了胸痛和猝死的可能性。[1]在文章发表时,这项研究是全球研究文献中唯一一篇表明练习宽恕会改善身体中主要器官的报告。这种疗法并不能使心脏完全恢复健康,但它确实对已经受损的心脏系统起到了一定的帮助作用。

还有一个例子也说明了原谅对于减少愤怒的重要性。自2002年以来,我和我的同事们一直与美国和欧洲的学校合作,在小学一年级、三年级、五年级和一些中学开展宽恕教育。在威斯康星州密尔沃基(Milwaukee)的学校和北爱尔兰贝尔法斯特(Belfast)学校的研究中,教师们以故事为媒介来进行宽恕教育,比如苏斯博士的《霍顿听到了谁》。在每周一小时、持

---

[1] 瓦特曼,M.A.,拉塞尔,D.C.,科伊尔,C.T.,恩瑞特,R.D.,霍尔特,A.C.,& 斯沃博达,C.(2009). 宽恕干预对冠状动脉疾病患者的影响. 心理学与健康,24,11-27. http://dx.doi.org/10.1080/08870440801975127;PMid:20186637.

续 8-17 周的时间里（具体视孩子的年龄而定），孩子们的愤怒水平从不健康恢复到了正常。学习谅解他人帮助这些儿童和青少年恢复了健康的情绪。[1]

减轻创伤后应激症状

创伤后应激症状是一个具有挑战性的问题，并且会在一个人遭遇重大的生活事件后持续很长一段时间。举例来说，创伤后应激症状可能包括：被不公平对待后反复出现的不安的想法，梦到发生的事，以及回想起事情发生时的强烈痛苦。盖尔·里德和我发表过一项研究，在这项研究中，她以遭受过情感虐待的女性为被试。在治疗后，这些女性的创伤后应激症状显著下降。在之后的 8 个月里，她们的症状仍显著地减轻。[2]

提高生活质量

生活质量指的是一个人对当下生活所体会到的舒适感、满足感或幸福感。生活质量涵盖了一个人的体力和健康、对生活挑战的心理适应性、生活目标的实现，以及从身边重要的人身上感知到的支持力量。原谅对所有这些方面都有益处，只要你

---

[1] 恩瑞特，R.D.，克努森，J.A.，霍尔特，A.C.，巴斯金，T.，& 克努森，C.(2007). 北爱尔兰贝尔法斯特通过宽恕实现和平 II: 改善儿童心理健康的教育项目. 教育研究杂志，Fall，63-78；霍尔特，A.C.，马格努森，C.，克努森，C.，克努森 恩瑞特，J.A.，& 恩瑞特，R.D.(2008). 宽容的孩子：宽恕教育对密尔沃基市中心小学生过度愤怒的影响. 教育研究杂志，18，82-93.

[2] 里德，G.，& 恩瑞特，R.D.(2006). 宽恕疗法对经历配偶情感虐待后女性抑郁、焦虑和创伤后压力的影响. 咨询与临床心理学杂志，74，920-929. http://dx.doi.org/10.1037/0022-006X.74.5.920;PMid:17032096.

愿意花时间体验原谅的过程。在一个相当具有戏剧性的例子中，玛丽·汉森和我在短短四周的时间内，帮助癌症晚期患者原谅了那些曾经伤害过他们的人。这段短暂的时间是不同寻常的，在这种情况下，人们知道自己即将死亡，精力也正在衰退，所以他们做了大量的努力，去原谅那些仍然令他们感到愤怒的家庭成员。这种不健康的愤怒甚至已经伴随其中一些病人长达几十年的时间了。

在原谅了对他们非常不公正的人之后，这些勇敢的人报告说，他们的整体生活质量（包括身体感受），都有了显著的改善。他们甚至认为，他们的生活目标变得更加清晰了，因为他们临终所给予的原谅可以让家人获得更多的安宁与平和。我们看到了他们的身体状况在这四周内是如何恶化的，同时也看到了他们的幸福感——他们的生活质量在不断上升。原谅，帮助了这些病人安然逝去。[1]

增加专注力

当我们的内心世界被扰乱时，除了内心的混乱和痛苦，我们很难专注于其他任何事情。假设你走路时脚踝扭伤了，脚和腿在隐隐作痛，你怎么还能将注意力集中到其他事情上？同样地，当我们因为别人的不公平对待而深受伤害时，个人的情绪和认知都会受到阻碍。我和我的同事们在一项研究中记录了那些由于在学校无法集中注意力而面临学习功能下降风险的中学生的积极变化。在这项由玛丽亚·甘巴罗（Maria Gambaro）

---

1 汉森，M.J.，恩瑞特，R.D.，巴斯金，T.W.，& 卡特，J.(2009). 老年晚期癌症患者宽恕疗法中的姑息治疗干预. 姑息治疗杂志，25，51–60.PMid:19445342.

领导的研究中，我们要求一所中学的老师罗列出所有有可能不及格的学生，之所以选择这些学生，是因为从老师的视角来看，他们常常充满愤怒而无法集中注意力。我们用心理量表对这些学生的生活满意度和愤怒水平进行了评估，以确保我们的评估结果与老师的判断相符。

在经过咨询（过程类似于对乱伦幸存者所做的咨询）之后，这些几乎不及格的学生的学习成绩从典型的 D（几乎不及格）上升到了 C（意味着他们现在达到了平均水平）。谅解帮助他们更加地专注。而且，这种专注力又帮助他们在学校里获得了更好的人际关系。

在这个案例中，学习原谅帮助了那些即将从学业悬崖上跌落下来的学生。需要注意的是，我们有一个所谓的"对照组"，可以与那些接受过宽恕咨询的人进行比较。对照组接受的是典型的指导性咨询，没有涉及宽恕方面的内容。结果发现，这些学生的愤怒水平并没有下降，他们的学习成绩也仍然停留在 D。由此可见，宽恕咨询优于学校里持续使用几十年的传统咨询方法。[1]

促进合作，减少欺凌

在韩国，由朴宗孝（Jong-Hyo Park）领导的一个研究项目与上述在美国进行的研究项目类似。他的研究对象包括一些在监狱里的少年。研究发现，一旦这些少年学会了如何去原谅，他们对他人的攻击行为和欺凌行为就会减少，并且变得更加善于合作。为什么会有这些变化呢？原因是每个少年在接受宽恕

---

[1] 甘巴罗，M.E.，恩瑞特，R.D.，巴斯金，T.A.，& 卡特，J.(2008). 以学校为基础的宽恕咨询能改善学业风险青少年的行为和学业成绩吗？教育研究杂志，18，16-27.

治疗之前都受到过其他人的不尊重对待，这令他们感到愤怒。他们的欺凌行为本质上是在发泄自己内心的怒气。曾经，他们受到了不公平的对待。现在，他们以同样严苛的方式对待其他人——那些无辜的受害者。如此一来，他们的痛苦就被稀释了。而当他们能够原谅别人时，不健康的愤怒就会消散，他们也会对别人的感受更加敏感。[1] 那些欺凌他人的人恰恰是经常被欺负的人，他们把憋在心里的愤怒发泄到了别人身上。

是宽恕和原谅，停止了这种恶性循环。

改善低自尊

我经常看到这样的情况：一个被不公平对待的人把对他人的愤怒转向了自己，结果导致他的自我价值感较低，也就是心理学家所说的低自尊。这是我之前提到的关于自我的一大谎言，它需要被改变。原谅可以通过揭示所有人的内在价值来扭转这种自我批评，甚至自我厌恶的趋势。当一个人以同情和理解的形式给予他人原谅时，自己也能获得同情和理解。

当经历乱伦的幸存者来到我们这里时，她们并不喜欢自己。她们对自我的批评是如此不公平，这太典型了。我认为不公平的理由是，她们每个人都是令人发指的可怕罪行的受害者，而她们最终都不喜欢自己作为一个人的样子。我很高兴地告诉大家，在接受宽恕治疗后，这些女性的自尊水平得到了显著的改善。即使在14个月后的随访评估中，这些改善仍然保持得很好。我们在

---

1 帕特,J.H.,恩瑞特,R.D.,埃塞克,M.J.,扎恩 – 瓦克斯勒,C., & 卡特,J.S.(2013). 对韩国女性青少年攻击性受害者的宽恕干预.应用发展心理学杂志, 20, 393–402. http://dx.doi.org/10.1016/j.appdev.2013.06.001.

对遭受情感虐待的女性进行研究时，也看到了同样的改善。她们在练习原谅之后，能够重新获得对自己的尊重和喜爱。

> **提醒 1**
>
> 科学支持这样一种观点，即你可以从生活的不公平境遇中获得情感上的治愈。原谅，正好可以给你带来这种治愈方法。

一些显而易见的好处

以下几点是我在观察那些通过原谅他人进而改善生活的人时所留下的一些基本印象。简而言之，原谅带来的好处超出了我们可以通过科学研究来"验证"的范围。

原谅是对内心世界的保护

想象一下，当前许多大城市的现实是这样的：警报系统时不时地响起；一楼窗户前满是栅栏，厚厚的墙壁上安装着铁丝网，供企业或教室使用。

这些方式保护着我们的财产或人身安全，却没有保护我们的内心世界，反而还会不断地提醒人们——自己并不安全。这种无处不在的信息可能会逐渐侵蚀我们，直到我们内心充满了焦虑和沮丧……可悲的是，没有任何安全感。

原谅别人并不是一件幼稚的小事，它并不等同于拆除你家的警报系统。而是，当你练习仁慈（如今已不再是一个常见的词）、体验希望和爱的同时，它确实悄悄地让你在内心感到安全。原谅为心灵提供了保护。当我在整本书中使用"仁慈"这个不常见的词时，我的意思是你超越了正义（即给予对方应得的东西），给予了别人比其应得的更多的东西。例如，当你没有很多钱的时候，施舍给穷人就是一种仁慈的行为。

即使当外界发生混乱时，你也可以体验到内心的安全感，因为你有一套对抗不公正的方法，那就是在仁慈没有降临到你身上的时候去扩展它。原谅有点像人际关系和你内心世界的合气道（一种自卫拳术）。当攻击者攻击你的时候，你看起来像是跌倒了，但你真正做的是利用那个人的攻击势头把他毫发无损地扔过你的肩头，这通常会让体验到你这种"合气道式仁慈"的人大吃一惊。原谅可以保护你的内心世界免受不公正的攻击，也不受愤怒、怨恨和沮丧的影响。

恢复自我价值

当我们在很长一段时间里受到别人非常不公平的对待时，有时会丧失自我价值感，忘记自己也是值得被尊重的。

当我们学会去原谅的时候，我们会看到所有的人包括我们自己，都应该得到尊重。因为我们和其他人一样，都有内在的价值。这一认识将有助于我们重新意识到我们的人格是需要被尊重的，这是事实。之后，我们便会找到内在的力量来恢复那些曾经被时间慢慢削弱的自我价值感。

提醒 2

原谅他人是对你自身情绪健康的一种保护，也是对你如何看待自己的一种保护。

练习1：思考一下原谅为什么如此重要

让我们暂停一下，问问自己这一章的首要问题。

- 原谅对你来说重要吗？
- 到目前为止，你的感觉如何？
- 你有什么证据来支持你的观点？

就这些问题和自己进行一次内在对话。请尝试使用本章中的信息，来支持你的观点。

到目前为止，你对所读内容持怀疑态度的一面是什么？你能用原谅的重要性理由来反驳这种怀疑吗？哪一种观点赢得了胜利？你准备好继续探索原谅对每个人的重要性了吗？

原谅，让秩序得以恢复

莉莲独自抚养着两个孩子。她的母亲吸毒成瘾，从她那里偷了很多钱，那是她为孩子们准备的钱。她勃然大怒，这是理所当然的。她现在正在做一份额外的工作，试图再赚一些钱。由于没有亲人的情感支持，她的内心充满愤怒，几乎没有时间陪孩子。现在，家里一团糟，莉莲看着眼前的情况，说道："我们在一起组成了一个家庭，但它却如同一团乱麻！"在一定程度上，造成这种混乱的原因是莉莲那颗受伤的愤怒的心。即使孩子们和她说话，她也没有精力去关注他们。别人对她的不公正占据了她的心，使她除了现在做的两份工作外，感到了更多的疲惫不堪。缺乏谅解带来了混乱的行为模式，孩子们也逐渐习得这些行为，并作出一些破坏性的动作。

当然，我们不能将这一观点极端化，认为原谅拥有一支小小军队般的神奇力量，可以帮人们熨平衬衫、擦亮靴子。

相反，我们谈论的是一种稳定的秩序感，它首先一定是发于内在的，然后才表现在行为上。而且，这种秩序感一旦被怨恨和厌倦打败，就很难再实现了。谅解他人可以给我们带来额外的能量和心灵的平静，这样我们就可以为自己和周围的人创造一个更有序的世界。过井然有序的生活，是一个人内心平静和安定的标志。

提醒 3

原谅使你的思考、感受和行动井然有序。

原谅可以预防混乱

原谅不仅能帮助你清理内心和家庭的混乱，也能预防混乱扩散到你的生活中。如果莉莲知道什么是原谅、什么是宽恕，并从小事上实践它们，那么她现在就可以和她的母亲一起体验生命的成长过程。这样做的结果可能是，从一开始她就拥有更充沛的精力，从而避免混乱悄悄潜入家庭。

有时，原谅可以在混乱开始之前就阻止它。你想过吗？原谅随时准备着帮你保持有序的生活，即使别人下定了决心要挑战你、打倒你。它是坚强的，也是温柔的。

> **提醒 4**
>
> 你的宽恕是如此强大，可以帮助你将混乱最小化。

避免因最初的不公带来的无尽混乱

我一位同事的孩子刚进入青春期就被绑架杀害了。这件事是如此令人震惊、如此邪恶，以至于它开始侵入母亲的心灵。她说，如果可以的话，她真希望杀了这个人。然而，随着时间的推移，她意识到自己的整个生命正在被生活在她体内的仇恨和怨念所吞噬……她不喜欢自己变成这个样子。

凶手即将带走另一个受害者——这位母亲，因为她在压力和凶手可怕的行为影响下，情绪不断恶化。她想要报复，在很长一段时间里，当她看到她的家人们也在这种怨恨中挣扎时，她抑郁了。经过几个月的时间，她努力试着去理解这个凶手，甚至给予他一丝宽恕，随后她低落的情绪开始慢慢得到缓和。她的生活有了新的意义。她向家人们展示了一种新的方式——基于宽恕一个对自己家庭极其不公的人的悖论。当家人们看到这种新的方式时，也慢慢地把这种宽恕带入自己的内心。一种有意义的、懂得关照他人的生活理念在家庭成员的心中蔓延。

凶手并没有使这个家庭中的其他人也成为受害者，他们最终战胜了仇恨及危险的心理效应。

这位母亲逐渐意识到，严重的不公正甚至不需要接触人就会致人死亡，但这并没有发生在她的家庭中。能够认识到宽恕能帮助我们对抗残酷的不公，并且克服它，这是很重要的，即使这种不公正已经持续了一段时间。它不再继续肆意蔓延，因为耐心和宽恕终会化解不公正所带来的混乱。而且从长远来看，是原谅和宽恕赢得了胜利。

> **提醒 5**
>
> 你的宽恕可以帮助你对抗最残忍的不公正行为，这样你就不会被它打败。

练习 2：审视这些提醒事项

现在让我们暂停一会儿，做些练习。

在这本书中，你可以通过这些练习来强化内心的原谅，就像是锻炼肌肉那般。我们设计了不同的练习，目的是帮助你强化组成原谅的不同部分，这样你才能真正成长为一个善于原谅他人的人。

首先，我们回顾一下每一个"提醒"事项：

提醒 1：科学支持这样一种观点，即你可以从生活的不公平境遇中获得情感上的治愈。原谅，正好可以给你带来这种治愈方法。

> **提醒2**：原谅他人是对你自身情绪健康的一种保护，也是对你如何看待自己的一种保护。
>
> **提醒3**：原谅使你的思考、感受和行动井然有序。
>
> **提醒4**：你的宽恕是如此强大，可以帮助你将混乱最小化。
>
> **提醒5**：你的宽恕可以帮助你对抗最残忍的不公正行为，这样你就不会被它打败。

现在，请你思考一个问题：你认为上述哪个观点是错误的？又或许你认为自己难以做到这些？如果你有着和其他人一样的想法，那么"提醒1"可能会让你感到一丝紧张，因为你可能会觉得这样的科学结果并不适用于自己。情感上的创伤会让你曾经体验到的积极情绪变得模糊。现在，让我们耐心地面对这个问题，不要试图通过斗争来获得疗愈。

"提醒2"可能会让你错愕，至少会有一点点。你可能会想："原谅一个伤害过我的人，明明是对那个人的包庇，怎么能说成是对我的保护呢？毕竟，如果我原谅了那个人，别人可能会认为是接受了他对我做的事。然后，那个人就可以一再地伤害我了！"正如我们很快就在这本书中看到的，**原谅别人并不意味着接受不公正本身。**

"提醒3-5"甚至可能会让你有点气馁，因为它们处理的是秩序、力量和为"善"而奋斗……而当下的你可能还没有如此强大的力量。当你慢慢地开始原谅别人的时候，力量就会适时而至。

简单地说句题外话，当我使用"善"这个词时，根据柏拉图哲学，我指的是"爱、正义、勇敢和智慧"。它是对一个人个性成长的总结。当然，"爱"（希腊语为 agape）的中心思想其实不是柏拉图哲学的一部分，而是经过几个世纪的发展，学者们对柏拉图和亚里士多德的原始思想进行的提炼。

那么，什么是原谅呢？

在原谅之旅中，我们现在处于一个重要的位置。如果你误解了什么是原谅，那么在这趟旅途中，你会犯很多错误。例如，假设在思考上述"提醒"事项时，你认为原谅就是屈从于他人的要求。那，这极有可能会吓到你，尤其当那些要求是有害的和不合理的时候。

在这种情况下，你会误认为原谅是一种软弱、一种屈服。又或者，假设你认为原谅是"向前看"，许多人的确会这样认为，但这也是不正确的。你可以带着心中的怨恨"继续前进"，但这将很难让你的内心萌发出希望、爱、力量和快乐。**怨恨成为你的一部分，而且是有着致命杀伤力的一部分**。所以原谅绝不仅仅是"向前看"。为了探究原谅到底是什么，我从人们对它的一些典型误读开始，然后再给它下定义。

原谅并不是说一句"我原谅你"

原谅难道就是说一句"我原谅你"，且对方接受原谅吗？

不，不是的。你可以说"我原谅你"，但在你的内心深处，你仍然背负着我们刚才讨论过的那些怨恨。如果这些怨恨很深，持续很长时间，那它终会杀死你。如果原谅如此肤浅，那它便不足以成为"善"的一部分。原谅，不仅在于嘴上说什么，而且还在于内心想什么。如果对方会对你的原谅感到生气，你可以在心里真诚地原谅他，而不必说出来。

原谅不是利己主义

到目前为止，我们一直关注的是你的情感愈合，我认为这是非常重要的，因为它可能是你读这本书的主要原因。正如我们在研究这门科学时所看到的，原谅给了你强烈的希望，即当你原谅他人时，你的确会收获极大程度的情感愈合。然而，从本质上讲，原谅并不是一件只关乎自己且为自己而做的事。相反，原谅是为了把良善传递给那些伤害过你的人。

当我们每个人都问这样一个问题时——"原谅是我为自己做的事情吗？"这时候，我们关注的是**原谅的结果**，而不是原谅本身。现在，让我们先把这两件事分开——原谅是什么？一旦我们原谅了会发生什么？——然后再进一步研究其他的。

因为原谅与良善有关，所以从根本上讲，它不是一种利己主义的行为，我们很快就会从本书中看到这一点。

原谅并不会耗尽你的情感

有人问我："如果我一直原谅那些伤害我的人，我会不会感到情感枯竭？"这种提法认为，原谅是一种消耗和损害个人的行为，而不是以善良为中心的行为。如果"原谅"以任何方式让你感到情感枯竭或消耗你的精力，那它就不是一件好事。当然，原谅也有错误的形式。比如，试图在别人面前营造自己善良、大度的形象。如果是为了彰显自豪感而这样做，那么"原谅者"就永远无法从施加伤害的人身上看到一丝人性的光芒。在这种情况下，怨恨仍然存在于"原谅者"的心里——而耗尽你的情感的，正是这些怨恨。

不是为冒犯者的行为找借口

你可能会这样想："原谅不就是为别人找一个之所以那样做的好借口吗？"事实并非如此。原谅不是鸵鸟心态。它坚持认定，**曾经发生的事情是不公平的，现在它仍然是不公平的，而且它将永远是不公平的**。但与此同时，原谅者依然试图放弃怨恨，并视对方为一个"完整的人"，不管他做了什么。

原谅的对象是人，而不是无生命的物体

正如你在上面的观点中所看到的，我们之所以原谅别人，是因为在原谅的过程中，我们仍试图把那些冒犯者视为"完整的人"。此外，原谅意味着试图摒弃怨恨。当有人对我们做出不公正的行为时，我们才会产生怨恨。因此，我们不会去原谅飓风这样的无生命之物，因为它们压根不会做出不公正的行为，我们也不能试图把它们视为"完整的人"。

没有可照搬的模板公式

"你就不能告诉我怎么去原谅吗？我照着去做，然后一切就结束了！"这些年，我听到过很多次这样的请求。他们就像是在寻求一种"宽恕药丸"，希望它能迅速地在他们身上奏效。然而，原谅是为了更好地理解那些制造不公正的人，所以对大多

数人来说，它没有快捷的解决办法。当然，有些人可以经历自发的原谅，但这是非常罕见的。对于大多数人来说，在最终原谅别人之前，他们需要走过一条路。这就是为什么大家要学习书中关于原谅的八个章节，用这八把钥匙进入各个房间，走完这条路，然后才能说："我真的原谅了这个人。"

那么，什么是原谅？

我一直在说，原谅与良善有关。与原谅息息相关的良善就是"爱"。当我们做到最深层意义上的宽恕时，我们便会尽最大的努力去爱那个伤害过我们的人。这是一个非常高的要求，我不指望你现在就能达到这个目标。对伤害过你的人还能心存一份爱，这需要很长时间。我所谓的"爱"是指你希望对方得到最好的，你愿意为对方有所改善而努力。同样，要想达到这样的目标，需要时间、努力、练习和力量。我们都是不完美的人，因此我们的爱也可以采取一种不完美的形式，比如培养对一个人的尊重，这份尊重不是由于他做了什么好事，而是尽管他做了一些坏事，我们依然给予尊重。"爱"可能会以良善或慷慨的形式出现，而不是一定要为那些伤害过你的人提供全面的帮助。

这种爱在原谅中的具体表现就是仁慈。**仁慈是给予别人他们不配得的东西，因为他们对你缺乏尊重、善良、慷慨和爱。**即使他们没有给予你这些，但当你真的开始去原谅时，你便会向那些伤害过你的人展示你的尊重、善良、慷慨和爱。这就是仁慈，即给予别人没有给予你的东西。

所以，在原谅之旅中，我们会从最伟大的良善——爱开始。然后，我们运用一种特殊形式的爱——仁慈，把爱和仁慈延伸到那些对我们不公平的人身上。**这就是原谅**。

例如，考虑一下纳撒尼尔的情况，他在上高中时遭到了他的兄弟菲利普的身体虐待。菲利普的暴脾气和动不动就爆发的攻击性让纳撒尼尔几乎不可能和他保持一个健康的关系，即使他们已经成年。尽管如此，纳撒尼尔还是努力从内心去原谅他的兄弟，这并非易事。在咨询师的帮助下，纳撒尼尔花了数月的努力才做到。在咨询过程中，纳撒尼尔试着把菲利普看作一个有价值的人。当他开始原谅的时候，他逐渐意识到菲利普的行为是错误的，并且将永远被认为是错误的，但这些行为并不是他该如何看待菲利普的基础。无论过去和现在，他们之间都不仅仅只有菲利普的攻击性行为。这种想法让纳撒尼尔做好了与菲利普和解的准备，如果菲利普也愿意的话。

纳撒尼尔等了好几年，希望能和菲利普和好如初。后来，菲利普被诊断为癌症晚期。因为纳撒尼尔之前做过原谅的练习，这促使他去了医院，并开始照顾菲利普。他每天都花时间帮助菲利普吃饭，并支持鼓励他。这些都是仁慈的、服务式的、充满爱的行为。起初，开始这些行为是很困难的，因为毕竟纳撒尼尔多年来受到了菲利普的残酷对待。在这段过渡时期，纳撒尼尔对菲利普的善意帮助缓和了他们俩之间的关系。他们重新体会到了彼此间的兄弟之爱，这比"服务式的爱"更宝贵。当菲利普去世时，纳撒尼尔说他很高兴自己原谅了菲利普，因为现在的他只是在哀悼。如果当初他没有原谅菲利普，那他的哀痛就会夹杂着深深的怨恨，他深知这种带有怨恨的情感会让他更痛苦。

正如你所看到的，当你原谅他人的时候，你就清楚地看到了**对方的所作所为是不公正的**，并且**确实伤害了你**。所以你不是在纵容他或为他的所作所为开脱。**你并没有忘记发生在你身上的事**。只不过，当回忆这些事的时候，你不再紧握拳头、咬牙切齿，而是带着爱和仁慈。

所有这些——爱、怜悯和原谅，都始于你，始于你的内心，这些品质会从你身上传递给别人。作为一个不完美的人，你只能尽力而为地展现这些美德。当你原谅的时候，你可能与对方和解，也可能不会和解。因为原谅和和解是两码事，和解是一种协商策略，指的是两个或两个以上的人在相互信任的基础上重新走到一起，它是以行为为中心的。相反，原谅首先以自己的内心为中心。一旦它在你的内心成熟，就会传递给他人。原谅的一个主要目的是和解，但即使当我们表达爱和仁慈时，对方也可能会拒绝。

当我们原谅别人时，我们会心甘情愿地善待那些对我们不公平的人。这种善意会以爱和仁慈的形式出现，即使对方对我们是不公平、不友爱、不仁慈的。**这是你的自由选择。**

> **提醒 6**
>
> 当你去原谅他人时，你就会对那些不公平对待你的人产生仁慈之心。你可能与对方和解，也可能不会和解。

现在我们开始讨论一些常见的问题，当人们用第一把钥匙进入这个房间时，通常会问这些问题。

常见的问题

问题 1

原谅似乎是一种被动的行为,因为一切都发生在个人内心。是这样吗?

不。事实上,不是这样的。原谅只是从内心开始,而并不停留在内心。它是从心里流向他人的,我们一定要记住这一点。他人则是你的爱、仁慈和原谅的接受者。

问题 2

作为一个原谅者,我是否被排除在这一切之外?似乎我在付出,而其他人在得到,这看起来不公平。

我们必须要记得原谅的悖论:科学表明,当我们原谅时,作为原谅者的我们,在恢复情感健康方面会获益良多。给予他人爱与仁慈非但不会耗尽我们,还会让我们的人生焕然一新。

问题 3

但你说的所有这些保护措施在哪里呢?我一想到要对一个我不能信任的人表达仁慈时,我就感到自己非常脆弱。

大多数人犯的一个主要错误,就是思考问题采用我所说的"非此即彼"的思维。当你原谅的时候,并不意味着你抛开了正义。原谅和正义共同成长。当你原谅别人的时候,你依然可以向对方要求公平。比起你紧握拳头、咬牙切齿地去要求公平,带着宽恕去追求公平的效果可能会更好。

问题 4

这个过程需要多长时间？

这取决于你过去练习原谅的频率。练习得越多，新的旅程就会越快，但是请再次认识到我们都是不完美的，所以内心的斗争不可避免。而且，伤得越深，需要的时间就会越多。如果伤害你的人负有爱你的义务，比如你的父母或婚姻伴侣，那么这种背叛比陌生人对你的伤害更大。正确对待背叛比正确对待普通的轻视和不公正需要更长的时间。

如果你遇到了其他问题，可以直接在国际宽恕研究所（网址：www.internationalforgiveness.com）向我提问。我们有一个版块，标题为"宽恕答疑"（Ask Dr. Forgiveness）。欢迎随时使用这一功能来提出您的问题，我会尽快给您回复。

一些勇于宽恕的勇士

让我们花一点时间来认识一些现实生活中的宽恕勇士——那些通过爱和仁慈来原谅和宽恕，从而与不公正作斗争的人。瞧瞧他们的活力、他们的希望、他们对生活的热情。对他们每一个人来说，原谅和宽恕都很重要，在某些情况下，它甚至还拯救了他们的生活，以及其他人的生活。让我们从这些勇士身上受到启发，思考自己的宽恕能力，并继续自己的原谅之旅。

玛丽埃塔·杰格

在这一章中，你会遇到一个女人，她宽恕了杀害自己女儿的凶手。这位勇士就是玛丽埃塔·杰格。你可以在1994年首次在探索频道播出的纪录片《从愤怒到原谅》中看到她对宽恕力量的见证。你会在悲剧发生时，看到一个悲痛欲绝、情绪低落的玛丽埃塔。她看到她的家人就在她眼前崩溃，因为他们寻找女儿苏茜的时间太长了。在苏茜死后的一年里，玛丽埃塔努力试着原谅，以至于惊人的意外情况发生了。就在苏茜去世一周年的那天，凶手打电话给玛丽埃塔嘲讽她。然而，她的内心已经充满了宽恕，于是她问："我能为你做些什么？"想象一下，这是在对方谋杀并嘲讽的背景下，问出来的一个问题。

这名男子非常震惊，他在电话里和玛丽埃塔聊了很久，警察追踪到他的电话来源，并逮捕了他。宽恕导致了凶手被逮捕，在进一步询问后，他承认了多起谋杀案。玛丽埃塔的宽恕可能会阻止他未来继续杀戮。如今，玛丽埃塔明确表示反对死刑，她为自己的人生赋予了更深刻的生命意义，并希望将这样的理念继续传递给其他人：我们都是特别的、独一无二的、不可替代的，包括那些杀人犯。当然，她花了很长时间才走到这一步，但正如你所看到的，她不遗余力地完成了。

在这个案例中，宽恕很重要，因为它挽救了一位母亲的生命，而且它也可能挽救了未来无数受害者的生命。玛丽埃塔的宽恕，很可能还挽救了一些死囚的生命，因为她继续在不遗余力地反对死刑。

马丁·路德·金

在《爱的力量》（Strength to Love）一书中，这位民权勇士反复谈到要爱自己的敌人。我们必须了解一下他发表这些声明的背景。就在他写这本书的时候，他的家遭到了燃烧弹的袭击，他的爱人和孩子都受到了生命威胁。然而，他依然在反对种族仇恨以及隐藏在种族隔离中的种种不公正——他让爱比怨恨更强大。

你可以看到，金博士在书的第一章标题中就表达了他对原谅和宽恕的看法——"坚强的头脑和温柔的心"。这就是我们带着宽恕的钥匙前进的方向。在头脑中坚持"发生在我身上的事情不应该发生！"，但心却会以爱、仁慈和宽恕予以回应。当你在面对自己的痛苦时表现出善意，那么你体现出来的便是强大的力量和勇气，而不是软弱。

按照金博士的说法，铁石心肠的人永远无法实现真正的原谅所需要的爱和同情。他从来没有真正把人当作人，而是把人当作达到目的的手段、一种被操纵的东西。金博士清楚地看到，所有人，甚至是不公正的人，都是人，因此必须被当作人来对待。当他和他的家人处于巨大的压力之下时，他意识到了这一点。这需要很大的内在力量。

在他的书的第一章中，金博士警告他的追随者，他们必须同时以坚强的头脑和温柔的心来应对民权运动，因为只有这样的组合才能够引发社会变革，而且它可以在更小的范围内实现，比如在你自己的家庭中。

在他的另一本书《午夜敲门》（*A Knock at Midnight*）中，金博士指出，每当人们聚集在一起时，总会有许多人心碎。他说，如果你是其中之一，请不要逃避自己心碎的事实。承认这一点，至少对自己承认，并承受这种破碎的现实。换句话说，勇敢面对你的心已经破碎的事实。金博士的心也碎了，他的人民受到了极大的冷落和诋毁。所幸他足够强大，为了不让其他人的心再被击碎，他甚至可以牺牲。让人们能够宽恕是他的目标之一，他为此献出了自己的生命。

在这个案例中,宽恕对全体美国人都很重要,他们一直在要求民权。如果金博士没有这样一颗宽容的心,你能想象民权运动会是什么样子吗?

科妮莉亚

在第二次世界大战期间,科妮莉亚与她的家人居住在荷兰人的社区,他们一起帮助犹太人逃离邪恶的大屠杀。她被逮捕后,被关在荷兰的一个纳粹集中营,最终被送往地狱般的德国拉文斯布鲁克(Ravensbruck)妇女集中营。她的哥哥和姐姐都在被纳粹关押期间去世了。她的书《藏身之地》(*The Hiding Place*)提到了那个用以保护藏匿犹太人的房子、房子里的秘密房间,以及他们一家人因为保护犹太人而遭到逮捕并被监禁的经过。

当她在1945年被释放时,她的目标之一就是做关于爱和宽恕的演讲。正如她在书的最后几页提到的,她人生中遇到的极大的挑战之一,就发生于她刚刚在慕尼黑完成这样一场演讲之后。她不知道几年前在拉文斯布鲁克集中营虐待过她的党卫军军官当晚就在观众席上。他伸出手向她打招呼。他在请求被宽恕。现在正是实践她所宣扬的宽恕的时候了。然而,她的内心却没有任何可原谅的。

根据她自己的说法,她在做了一个简短的祈祷后,感觉有一股电流从她的肩膀流过,流经她的胳膊,流到她的手上,她向党卫军军官伸出手来表示宽恕。她感到内心对这个男人有一种爱,这种爱几乎淹没了她,使她主动宽恕了他。

科妮莉亚的事例是不同寻常的,因为她的宽恕是瞬间产生的，因此是罕见的。对于我们大多数不完美的人来说，宽恕是屈从于我们希望给予仁慈的一种挣扎。这需要时间和精力。我把她的故事讲给你听，是想作为一种鼓励。宽恕有时会以非常积极的方式给我们带来惊喜。

宽恕对党卫军军官很重要，对从压抑的愤怒中释放出来的科妮莉亚本人也很重要。对于数百万读过这本书，并看过根据书中描述的事件改编的电影的人来说，在这件事上的宽恕很重要。作者向人们讲述了一个在最可怕的环境下仍然充满希望、爱和欢乐的故事。宽恕在这里很重要，因为它可以激励我们继续前进，向那些没有对我们行使正义的人展现仁慈。

约瑟

早期希伯来历史的编年史者简单地把这个《圣经》中的人物称为约瑟——雅各的儿子。几千年来，约瑟的故事一直广为流传，直到今天，人们写了一部百老汇戏剧《多种颜色的外套》来讲述他的故事。无论是作为寓言还是作为历史的一部分，这个故事都很有分量地展示了原谅和宽恕对整个社会的重要性。

他是12个兄弟中的一个，他那10个同父异母的兄弟和1个同父同母的兄弟便雅悯，都嫉妒他们的父亲对他的关注。他们怒不可遏，竟抓住约瑟，把他扔到一口井里，企图杀死他。后来，他们很快又改变了主意，把他从井里捞出来，卖到埃及做奴隶。

在埃及发生的一系列令人震惊的事最终使约瑟成为政府的掌权者。当时，希伯来人正经历饥荒，他的10个同父异母的哥哥来到埃及，为避难向埃及政府寻求帮助。他们所询问的地方长官恰好就是约瑟本人，他认出了他们，但他们没有认出他。

因为他们理所当然地认为，约瑟不过是一个远离政府权力的奴隶而已。

约瑟没有经历过任何自发的、即时的宽恕。相反，他把10个哥哥关进了监狱。当他听到他们哀叹自己的命运，并将这一结果归咎于多年前他们如此那般对待他们的兄弟约瑟时，他哭了。因为他想要见到自己同父同母的兄弟便雅悯，于是他下令只留下一个人，放其他人回去，让他们将便雅悯带来埃及。之所以留下一个人，是为了把他关在监狱里，以此确保其他人能回来。

他们回来了。约瑟见到便雅悯，他第二次哭了。尽管他的心变软了，但他还是利用便雅悯开了个玩笑。在给了哥哥们足够拯救整个家族的物资后，他在便雅悯的马鞍袋里藏了一个银高脚杯。当他的兄弟们走了很长一段距离后，约瑟和埃及军队来到他们跟前，指着便雅悯的马鞍袋，说他偷了东西。这时，他的一个哥哥撕破了自己的衣服，请约瑟带走他而不是便雅悯。

这个哥哥表现出的勇气和仁慈感动了约瑟，他又哭了。在第三次哭泣的时候（数字3是完美的象征），他表明自己就是约瑟，并拥抱了多年前想要谋杀他的兄弟们，还给了他们足够多的物资来拯救希伯来民族。

在这种情况下，原谅和宽恕对这个大家庭至关重要，至少现在他们已经在心里团聚了。与此同时，约瑟的宽恕拯救了整个民族。希伯来民族和后来起源于希伯来的一神论团体，他们都对约瑟感激不尽。他的宽恕在为全球数十亿人保留和传递一神论传统方面发挥了重要作用。

原谅很重要，有时会以我们永远看不到的方式发挥作用，因为爱是代代相传下去的，就像它对约瑟、他的兄弟们、希伯来民族和其他民族所做的那样。让我们用更多的问题来结束这一章，这些问题通常伴随着这些故事而产生。

更多的问题

问题 5

正如你在这里所描述的，原谅似乎是一个很少有人能拥有的理想品质。那我呢，我成为不了一个"宽恕勇士"怎么办？此外，必须成为一个有宗教信仰的人才能宽恕吗？

原谅正是为了不完美的人存在的，我们都在不完美中实践它。例如，如果我们只盯着世界上最好的篮球运动员，然后说"我永远不可能打得那么好"，那我们中很少有人会为了偶尔的乐趣而打篮球。原谅也是如此。我们不会绝望地举手投降，因为总会有像马丁·路德·金那样的人，坚守着耐心、爱和仁慈的非暴力立场，为了实现巨大的改变而付出自己的生命；我们也不会转身而走，正如约瑟对他那些凶残的兄弟们依然充满了爱。

在原谅的过程中，无论你目前处于哪个阶段，都要尽可能地接受它。就像我们举的打篮球例子一样，你练习得越多，就会变得越好……你不需要做到完美，就能从练习中获得情感上的益处。

关于宗教问题，我们必须意识到，宽恕是以善为中心的，正如我在本章前面提到的。行善的方式有很多，比如公平行事

（正义的美德实践），向穷人施舍（利他主义的美德实践），甚至忍受来自爱人的小烦恼（容忍）。我们大多数人都努力做到公平，至少在某些时候是无私和宽容的。那么，为什么当你试着原谅那些不公平对待你的人时，会感到不那么容易呢？你正从自己的痛苦中实践一种特殊的美德。地球上的每个人都经历过这种痛苦，都有理解为什么需要去原谅的能力，如果愿意，随时都可以去实践。这种实践可能通过不同宗教和文化的各种仪式来体现，但在每个人的内心深处，他们都在实践着原谅和宽恕的本质。

在我们的研究工作中，我和我的同事们帮助过宗教冷漠者、不可知论者、无神论者，以及有宗教信仰的人去理解和实践原谅和宽恕。我们都会受伤，我们都需要去原谅，我们都有能力去实践这种美德。

问题 6

我可以先原谅，然后改变主意，然后再原谅吗？这似乎就发生在约瑟身上，因为他刚开始时对兄弟们很苛刻，后来又为此哭泣，之后又重复了这种苛刻的模式。

这个问题基本上是在问，对于每个走这条路的人来说，是否有一条笔直的路可以直达原谅的终点。简单的回答是否定的。当你走在原谅的道路上，你肯定会做那些在这条道路上的每个人都会做的事情，比如练习对他人的仁慈。然而，我们的方式却有所不同。对一些人来说，出于强烈的愤怒感，他们很难开启原谅之旅。对另一些人来说，道路是平坦的，直到他们再次受到不公平的对待，然后很快，愤怒又回来了！而对其他一些人来说，像科妮莉亚，似乎根本没有旅途一说，因为原谅发生得太快了。然而，即便如此，她的每一次演讲也都是在原谅的道路上前行。我们每个人在这条路上的旅行方式都有所不同，你自己也会发现，你在这条路上的每一次旅行都可能与前一次有所不同。因此，我们对旅途中的惊喜要保持开放的心态。

问题 7

在玛丽埃塔·杰格、科妮莉亚和约瑟的案例中，他们经历的残酷事件最终都停止了。但如果我心中的那个人一直在伤害我呢？那又会发生什么呢？

当对方一直不公平地对待你时，你会面临更大的挑战。我有两个建议给你。首先，在这种情况下，原谅是非常必要的，因为如果你不小心，内心的怨恨可能会达到非常高的水平。由于累积的怨恨，来自某个人的第 20 次不公正行为可能比第 1 次的更具有破坏性。持续的原谅，虽然是一项艰巨的任务，但可以帮助你保持情绪健康。其次，请记住要时刻带着正义的美德。没错，我们要原谅这个人，但之后要向他要求一些东西。你可以要求得到公平，如果你正在练习原谅，那么你所要求的很可能是合理的，而不是从他身上得到一磅肉。最后，请记住，当你原谅别人时，如果对方对你构成了威胁，那么就没有必要与其重修旧好。相反，你有必要让自己远离这个人，以避免受到进一步的伤害。原谅并不意味着你是出气筒。

Chapter
02

做好原谅的准备

凌驾于他人权力之上的人始终是一个冒牌货。起初,权力可以压倒一切,占据主导地位,仿佛它已经永久扎根。然而,爱似乎总是能战胜它。你的梦想是由权力还是由爱驱动的呢?

在你开始原谅之前,首先要积极地改变你的内心世界。一开始,你还没有准备好开始原谅之旅,你需要进行装备检查:谁伤害了你,什么构成了你内心的痛苦世界,以及你对痛苦的反应。我现在还不想打开那扇门是为了保护你。有时候,你可以直面痛苦;但还有些时候,你最好是做好准备,再面对痛苦。可以说,这是一个提前准备好的房间:一个原谅的健身房。里面有跑步机、踏步机和固定自行车。哦对,还有划船机。

是的,我知道,我首先列出了所有的有氧运动设备。这是因为我必须确定你的内心——心理意义上的"心"——在接下来的原谅之旅中有一个很好的状态。我需要你首先做好原谅的准备,而要想做到这一点,最好的方法就是锻炼你的思想和心灵、身体和灵魂,然后你才能直面别人毫无爱意、毫不留情地对待你的痛苦。

在开始你的原谅之旅前，我们来看两个体育界的类比，以帮助你看到这种内在转变的重要性。已故的赫伯·布鲁克斯以带领美国男子冰球队在1980年冬奥会半决赛中击败当时的苏联队赢得一枚金牌而闻名。"先生们，腿脚强健的狼才能活。"他在训练中反复这样说，这意味着如果你想击败对手，就必须保持强壮的身体。他首先强调的是体能，然后才是冰球技巧——这很有效。本章的目的就是帮助你以类似的方式做好准备。首先在心理上接受这项任务，这将会帮助你取得胜利。

体育界的另一位传奇人物是诺曼·戴尔，他曾在1954年带领一支规模较小的米兰高中男子篮球队赢得了印第安纳州锦标赛。由吉恩·哈克曼主演的电影《印第安人》大概就是根据他的故事改编的。戴尔成功的关键在于他对身体强健的重视。在训练中，队员们的心思都在比赛上面。戴尔强调体能第一，基础第二，然后才是比赛。和赫伯·布鲁克斯一样，这招儿奏效了，腿脚强健的狼活了下来。

就你而言，这里我所指的是你内心的强健状况，因为它是人类决心、意志和情感的中心。无论发生什么，它都会使你鼓起勇气面对生活的挑战。你会发现，在你的内心恢复健康之前，你很难做到这一点，所以这就是本章的目标：强大你的内心，让它在爱和慷慨中成长。然后，我们再进入下一个房间，一个让你感到艰难的房间，因为你将面对痛苦。所以，考虑到所有这些，让我们先来看几个聚焦于情感意义上的内心健康的案例。

不止失去一个儿子

玛莎和胡安尽心尽力地抚养着三个孩子：17岁的爱德华多、13岁的苏珊娜，还有10岁的安娜。在那个决定命运的冬夜，当警察来到他们家门口时，玛莎的心沉了下去。她想，其中一个孩子已经有麻烦了。她迅速用毛巾擦了擦手，然后去开门。"我们可以进来吗？"其中一名警察问道。玛莎并不喜欢他那严肃的口吻，她浑身发抖，让他们进了客厅。

警察接着解释说，他们的大儿子爱德华多死于吸食可卡因。在他参加的一个聚会上，其他三个年轻人向他施压，要求他"拿出勇气"证明自己。于是，他有生以来第一次尝试了吸食可卡因。爱德华多的身体承受不了这么多，当医护人员赶到的时候，他已经去世了。

那三个年轻人被拘留了。玛莎知道这是他们的责任，并对他们肆意使用这种危险毒品感到震惊。她也绝望地明白，无论发生什么事，都不足以让爱德华多回到自己身边。

玛莎和胡安听到这个消息后不知所措：我们没有陪在儿子身边的时候发生了什么？我们该怎么告诉其他两个孩子和祖父母呢？没有儿子，我们该怎么活？

玛莎和胡安悲愤交加。他们的长子，还有他的大好前程，现在已经不在了。房间里除了他的音乐播放器、耳机、一根棒球棒和一些书之外，什么也没有了。寂静尤其使他们不知所措。当他们想到爱德华多，甚至在悲痛中呼唤他的名字时，没有声音能回应他们。沉默……而且，这一切都不会结束。

胡安勃然大怒。他不睡觉，不吃饭，不运动，也不愿意为家人服务。他不知道该如何原谅,因为他的父母"遗传给了他一个坏脾气",他现在经常说这种话。

两年多过去了,当玛莎请求他原谅那三个年轻人,甚至原谅爱德华多那晚的错误选择时,胡安变得更加愤怒了。他认为,她的要求是为了压制他对正义的需求,他想为儿子和未来可能屈服于同辈压力的受害者做点什么。然而,除了为自己建造了一个愤怒的房间之外,他没有任何力量继续前进。他一直待在那个被愤怒囚禁的房间里,直到他因为压力而早逝。

一种毒品和三个青年在当晚杀害了两个人:爱德华多和他的父亲。没有人把胡安因心力衰竭而早逝和 12 年前那个决定性的夜晚联系起来。玛莎是唯一一个认识到它的人。她很清楚,胡安长期的沮丧情绪导致他暴饮暴食、睡眠紊乱和缺乏锻炼。她知道是什么事、什么人杀了他。

胡安对所发生的事情毫无准备。从他身上失去的爱,使他越发丧失对别人和自己的爱。是他自己选择成为一个"囚犯",因为他每次都拒绝玛莎的原谅请求。所以,玛莎现在不得不面对自己儿子和丈夫的双双死亡,一个死于毒品的恶果,另一个死于被蒙蔽的内心。胡安是被自己的内心吞噬了……这本来是可以避免的。悲剧发生时,胡安并没有做好原谅的准备,他也无法找到通往宽恕的路。玛莎相信,如果他尝试去原谅,那他的生活将会完全不同。如今,她对这个家庭也得出了同样的结论,即现在她们不得不继续没有丈夫和父亲的生活旅程。

在胡安的例子中,不公正比爱对他的影响更强烈。最终,不公正打败了他。

阿米什人的宽恕

2006年10月2日，查尔斯·罗伯茨进入宾夕法尼亚州兰开斯特县镍矿村阿米什人的一所学校，枪击了10名女孩，并导致其中5人死亡。随后，这个有着三个孩子的父亲开枪自杀了。2013年9月30日，他的妻子玛丽亚第一次在美国广播公司新闻频道中谈到这场悲剧，她透露，查尔斯对失去大女儿深感沮丧，并将此归咎于上帝。她说，他的杀人行为是在用病态的方式来报复上帝。

这场悲剧的严重性令人难以形容。在毫无征兆的情况下，阿米什社区的人们，尤其是直接受到这次事件影响的家庭，都受到了无比痛苦的打击。然而，更令全世界震惊的是整个阿米什社区的人对待此事的反应方式。大约30名阿米什社区成员集体参加了查尔斯的葬礼，并安慰了他的遗孀，甚至为他的孩子们设立了一个慈善基金。如此慷慨的同情心令全球震惊，因为这个世界还不习惯这种令人惊讶的仁慈宽厚的态度。

我记得在这个悲剧事件发生后的几个星期里，我接到了无数来自媒体的电话。这些电话的要点是：

"阿米什人是装的，对吧？"
"在这种情况下，没有人能这么快就做到宽恕！"
"一旦摄像机停止拍摄，阿米什人就会怒火中烧，对吧？"

媒体的质疑让我有些吃惊。也就是说，很多采访我的人拒绝相信他们所看到的。他们的反应让我受到了挑战，所以我开始更仔细地研究阿米什文化。以下就是我的发现：阿米什人的信仰鼓励每个家庭天天做祈祷，其中一些祈祷就是围绕着原谅他人而做的。当悲剧发生时，无论个人、家庭，还是整个社区都已经做好了宽容的准备，但社区之外的人，很少能观察到且意识到这一点。这也正是采访者持怀疑态度的原因。他们没有意识到整个社区的人竟然能够每天都在练习和实践宽恕。这个社区的人确实每天都在练习原谅——它的作用远远超出了大多数人的想象。

世界各地的人们都被这些慷慨的善举所吸引。如今，这个故事在获奖影片《宽恕的力量》（*The Power of Forgive*）中被讲述，同时出现在许多其他电影和描述悲剧文化的书籍中。

这类故事表明，原谅能用一种积极的方式，来影响那些观察原谅行为的人。在这种情况下，查尔斯·罗伯茨的母亲特丽，不得不努力宽恕自己的儿子。她被阿米什人的爱所触动，现在她成为一名志愿者，正在帮助一名身受重伤、需要基本护理和营养照护的受害者。通过这种方式，特丽把爱回馈给了那些对她和她的家人表达爱的人。阿米什人宽容的心被证明是对他们自己和其他社区的一种保护。

查尔斯·罗伯茨对失去长女这一人生悲剧的反应，与阿米什人对失去五个女儿、另有五个女儿致残的反应形成了鲜明的对比。当悲剧发生时，一个人是否做好了原谅的准备至关重要。

做好原谅准备的七个原则

如果你具备了以下这七种品质，你将在它们的帮助下变得更加宽容。这些品质是如此重要，以至于当你练习它们时，你将增强和提高自己原谅他人的能力，甚至可能会改变你整个人的性格。我将和大家充分讨论每一种方法，并提供可以训练你的"宽恕肌肉"的练习。

- 承诺不伤害他人。
- 培养更清晰的视角。
- 理解和实践爱。
- 理解和实践仁慈。
- 每天从小事做起，练习原谅。
- 始终如一地去原谅。
- 坚持每天原谅别人。

原则1：承诺不伤害他人

你可能想知道你承诺的是什么。第一个问题是：承诺不伤害那些伤害过你的人。这不是要求你停止谈论这个人，而是需要你克制自己不要用轻蔑的态度去谈论这个人。正如你所看到的，我并不是说让你现在就对那个人流露出善意，只是希望你能克制自己的消极情绪。这实际上是原谅的重要一步，因为你正在远离以牙还牙的立场，这立场是世界上许多冲突的根源。相反，正是伤害你的人使你的内心有可能发展出更多的善意。下面是本章的第一个练习。

练习1：许下原谅的承诺

在我们的一项研究中，我们向那些已经原谅了别人严重过错的成年人提出了这样一个问题："在整个原谅之旅中，对你来说最困难的是什么？"最常见的回答是："承诺原谅那些伤害我的人。"

仔细想想，这种反应是有道理的，因为这个过程是陌生的、从未经历过的，所以接纳一个冒犯你的人是非常困难的。现在，我们来做练习。在这个练习中，你所要做的就是对以下问题回答是或否，这些问题基于我们在第一章中提到的对原谅的定义。

- 你愿意向伤害你的人伸出善意之手吗？（这可能包括眼神交流、微笑或某种善意的手势。我并不是要求你现在真的这么做。我只是问你是否愿意在未来的某个时候这样做。）
- 你是否能够接受原谅的终点是爱伤害你的人，哪怕只有一点点而已？（再次声明，我只是要你了解自己的想法，而不是让你立即这么做。）
- 你愿意更深入地理解爱是什么，并付诸实践，希望在未来的某个时候给予伤害你的人一些爱吗？
- 你愿意更深入地探索什么是仁慈吗？

- 一旦你更好地理解了仁慈，你会愿意如此对待伤害你的人吗？同样声明，这里的仁慈是超越正义（给予对方应得的）的，也就是给予对方的远超过他应得的。试着善待那些对你不友善的人，就是一种仁慈。
- 明知他对你不好，你还愿意对他好吗？
- 你是否意识到原谅是你的一种自由选择？
- 你愿意自由地选择原谅，而不让来自他人的压力误导你吗？
- 你愿意通过你自己的痛苦来体验所有这些吗？

提醒 7

许多人发现，做出原谅的承诺是整个过程中最艰难的部分。

原则 2：培养更清晰的视角

让我们从一些非常宽泛的问题开始：你对人性的基本看法是什么？和你一起在地球上行走的这些人是谁？我们如何定义这个我们称之为人类的庞大群体？我其实上是在问，本质上，人是什么？

当我使用"更清晰的视角"这个说法时，我是在挑战你，让你看到这个星球上的每个人都是特别的、独一无二的、不可替代的。我们可以通过信仰或通过无神论／不可知论的理性主义得出这个结论。

在基于信仰的观点中，人们通常会有这样的看法：所有人都是按照上帝的形象创造的。从无神论者／不可知论者的角度来看，人们则持有这样的观点：经过人类的进化，每个人都有着独特的DNA，并传递给下一代。一旦一个特定的人死了，这种独特性就消失了。

我们大多数人都很忙，所以我们很少思考这种问题。我们要处理工作和家庭中的事务，要承受压力，要完成目标。然而，花时间考虑这些问题对你的原谅之旅至关重要。这不是无聊的哲学思考。培养这种更清晰的视角需要花费时间，但它是值得的。

提醒 8

每个人都是特别的、独一无二的、不可替代的。要理解这一点需要时间和精力。

原则3：理解并实践爱

当我使用"爱"这个词时，我并不是在谈论任何一种浪漫的爱情。相反，我要说的是特蕾莎修女对加尔各答穷人的那种爱。她走上街头，致力于拯救和照顾那些病人及垂死之人。她献身于为他人的服务中。当甘地在印度为他的人民进行绝食抗议时，他也展示出这种奉献之爱。一位母亲为了照顾生病的孩子彻夜未眠,一个成年的孩子照顾年迈的父母,一个有钱人为儿童医院慷慨捐赠,这些都体现了我在这里所说的奉献之爱。

这种爱比一对夫妇之间相互欣赏的那种感觉更难掌握。它之所以更难,是因为它要付出更多的代价,有时这种爱是没有回报的。然而,践行这种奉献之爱的人仍然在坚持向前。就像我所说的培养更清晰的视角一样,这种爱需要实践和耐心才能走向成熟。

提醒 9

奉献之爱是一种把自己奉献给他人的爱。在一个人的生命中,要达到这样的境界需要时间和练习。

练习 2:练习爱的小举动

今天,你有更多机会为这个世界投入奉献之爱。例如,你可以花时间对一个看起来很疲惫、压力很大的收银员微笑。即使在你很累的时候,你也能多花点时间陪伴需要你关注的孩子。你可能想把家人聚在一起,选择一个有价值的慈善机构并捐款。

今天,你认为还有哪些是奉献之爱的实践呢?

原则 4：理解和实践仁慈

仁慈是我所说的奉献之爱的一种变体。仁慈发生在当你处于一个有影响力甚至有权力的位置，但你并没有对其他人行使这种权力的时候。它有两种表现方式，第一种是"仁慈的克制"，也就是你不去做别人认为消极的事情。举个例子：父母把一个做错事情的孩子关到他的房间一个小时，作为对孩子不当行为的惩罚，但随后又把时间缩短到半小时。这就是父母对孩子的仁慈。父母避免了孩子在房间里待的时间过多带来的负面影响。

第二种形式的仁慈是指，给予伤害你的人一些积极的东西。这里有一个例子：一个同事在你背后谈论你，通过污蔑让你感到尴尬。在纠正他之后（这是正义而不是仁慈），你还会热情地伸出手，表示友好和尊重。

当你对那些给你带来痛苦的人有了更清晰的视角、奉献之爱、仁慈的克制，以及仁慈本身时，那么你就是在原谅。在世界上所有的美德中（如公正、耐心、善良和慷慨等），原谅和宽恕是最难的，因为你给予的对象是那些伤害你的人，这从来不是一件容易的事。关于加强这些特质的练习，将在本书后面部分出现。

> **提醒 10**
>
> 仁慈是奉献之爱的一种变体，它延伸到那个给你带来痛苦的人身上，需要耐心和努力才能掌握。

骄傲和权力

我希望大家在这里停下来,考虑一下做到原谅他人的两个主要障碍:骄傲和对权力的渴望。多年来,我发现这两种倾向是我们在原谅过程中成长和成为原谅者最大的挑战。好好了解这两者,以便你在自己和其他人身上发现它们。

让我们依次检查每一个你在原谅成长之路上的阻碍,然后进行一些练习来帮助你对抗它们。

骄傲

《纳尼亚传奇》的作者C.S.刘易斯曾评价说,骄傲是一种想要像移动棋子一样摆布人们的感觉。他进一步说,骄傲是我们在别人身上看到的最令人讨厌的特征之一,但我们很少在自己身上看到它。骄傲的人在心里把自我放在第一位。当自我在心里被放在第一位,实际上却排在最后一位时,羡慕(想要别人拥有的东西)、嫉妒(害怕自己不被喜欢,比如嫉妒你的恋人可能喜欢的朋友)、愤怒就会在内心爆发,并蔓延到其他人身上,去伤害他们。你可能被那些高高在上的骄傲的人伤害过。如果你的骄傲感强烈了,你就很难放下你的怨恨。

权力

如果说,骄傲是像移动棋子一样地摆布别人,那么权力,当它的含义被扭曲和滥用时,就成为人们为了满足摆布者的需要而进行的实际操纵——为了自己的利益而利用别人。若说现代人的心灵沉浸在骄傲和权力之中,以至于太多的人看不到自己每天带着多少骄傲和权力来到这个世界,这种说法是不是有点夸张？现代社会的终点是什么？现代社会的成年人朝着什么目标奋斗？什么样的成就等于成功？例如，如果我们对比一个帮助单亲父母养活孩子的社会工作者和一个经常在电视上出现的千万富翁，当代人会选择哪一个作为最受尊敬和最成功的人？金钱很可能会胜过默默奉献。这些人中，可能有些人正在采取行动夺取权力，而另一些人则是出于奉献之爱在无私付出。当然，这两者可能都不会滥用权力，但哪一方更有可能这样做，或者至少有这样做的冲动呢？

我们再来做一个对比：一个是赢得冠军的职业运动员（换句话说，他在对手中占了主导地位），另一个是走路一瘸一拐、不擅长运动，但始终匿名为穷人捐款的中年人，他们谁更值得钦佩？权力往往在我们不假思索的情况下就能赢得我们的钦佩，因为对权力的追求植根于现代文化的传统之中。即使运动员在幕后也慷慨地为医院或学校捐款，但我们钦佩的还是他的权力，媒体报道的也是他的权力，而不会费心关注他幕后的爱心行为。

刻意追求凌驾于他人之上的权力与我们上面讨论的"更清晰的视角"是不一致的。控制、影响、支配、寻找优势和取胜的方法与"更清晰的视角"带来的浩瀚的人格观根本不一致。如果我们总是以如何赢得他人、如何从他人身上获取东西的方式来对待他人，我们的视野就会变得模糊。在这里，没有任何真正意义上的人人平等的思想。我所说的平等，并不是说我们所有人都有相同的才能，或者无论从事什么工作都应该得到相同的工资。与之相反，我的意思是地球上的每个人都是特别的、独一无二的、不可替代的，但这是一个凌驾于他人之上的权力主宰者不会认同的观点。如果有人阻碍了他追求权力的目标，那么他将不择手段地排除异己，不管后果是什么。

你可能已经处于社会权力的常态之中，我们很多人都是如此。这些常态与"奉献之爱"是不一致的，因为在"奉献之爱"中，你是在付出而不是在索取。这种奉献之爱的立场可能会被一些人视为软弱、宗教狂热，甚至被认为是一种自我毁灭的行为，而实际上它只是一种良好的生活方式。有些身居高位的人不懂得奉献之爱，他们的眼睛找不到更清晰的视角。

但是，你可能会问，难道没有良性的力量或者我们所说的善的力量吗？影响力和权威与我们在这里讨论的对他人的权力完全不同。教师对学生的影响是由于其知识的优越性，但教师不应该利用学生来达到自己的目的。C.S.刘易斯成年后的大部分时间都在与一个暴君般的校长斗争，他的许多学生一生都受到了这个校长的伤害。这不是权威，而是对原始权力的行使。

父母对孩子有权威，否则孩子可能会死于错误的选择，但父母永远不应该为了自己的目的而利用孩子。**权力操控就是为了自己的利益而利用他人。**

我认识一些人，他们坚信人类存在的最终目标就是对权力的追求，即使他们自己并不喜欢他们所看到的东西。"事实就是这样"是我经常听到的说法。我甚至从一个市中心的黑帮成员那里听说过，他不喜欢他眼中的"生活的事实"，但他觉得他必须按照他眼中的"权力法则"生活才能生存下去。当时，他只有16岁。他对自己能活到25岁没有抱任何期望。我想知道他现在是否还活着。

> **提醒 11**
>
> 骄傲和权力可能会妨碍你去原谅。它们会阻碍你积极地改变自己。

让我们通过一系列练习来巩固我们刚刚学到的关于骄傲和权力的知识。下面有五个练习，当然你不需要一口气做完。最好能够认真、从容地看完它们。这种学习需要深入你的内心，并需要你在余生中一直坚持下去。经过这些练习，我想你会感觉更强大，可以用我们的第三把钥匙进入下一扇门了。因此，让我们记住这段概述，然后开始吧。

练习3：你对原谅的理解如何受到权力或爱的影响

是时候了解你对权力和爱的看法是如何影响你对原谅的理解了。正如你将看到的，这两者之间的差异非常明显。现在，当我做以下陈述时，请透过权力的视角，想一想作为一个在权力视角下看问题的人会如何回答我。

- 弱者才需要原谅。如果你不能占别人的便宜，那么你就躺平，然后原谅别人。从权力的角度看，这对吗？

- 当我原谅别人的时候，我只是在为别人的坏行为找借口，因为我没有勇气去面对他，这合理吗？
- 原谅，并且永不忘记。假装原谅……然后扯平。
- 除非对方愿意补偿我，否则我永远不会和那个人和解。我经常将一些得罪我的人从我的生活中抹掉。从权力的角度看，这难道不合理吗？
- 并非所有人都是平等的，有些人天生就像绵羊般软弱愚蠢，就理应被修剪。
- 现在请你带着更清晰的视角、奉献之爱和仁慈，重新审视上面的陈述句，并将它们改为疑问句，从爱的角度来思考你的答案。
- 弱者才需要原谅吗？不是。奉献自己为他人服务，并坚定自己的立场，这是一种强大的行为。
- 原谅是逃避冲突的借口吗？不是。面对别人的残忍，躺下来畏缩不前，根本就不是在帮助他。当我原谅别人时，我是在正义的基础上，为了他人受益而原谅。他需要被纠正，但这种纠正并不是像从他身上割下一块肉那样的残酷惩罚。
- 原谅是一种假装获得优势的游戏吗？如果是的话，那么我不但是在欺骗对方，同时也是在欺骗自己。我背叛了身为完全人的我自己，也背叛了对方——一个特别的、独一无二的、在这个世界上不可替代的人。我用这种世界观伤害了我们俩。

- 定期将某人从我的生活中抹掉可以吗？不，人们不应该被"抹掉"。你可能不会和一个人和解，但你不会把他从你的人类名单上划掉。为什么不呢？你可以自己回答这个问题。
- 有些人是愚蠢软弱的绵羊吗？这是一种有辱人格的比喻。这句话暗示着，人们会因个人的目的而利用他人。

提醒 12

权力和爱争夺着你的注意力。

有人甚至会说，权力和爱正在为你的人性、你周围的人以及伤害你的人的人性而斗争。当你站在权力的角度看世界时，你可能不仅会对原谅产生怀疑，还会对它产生烦恼甚至仇恨。相反，当你站在爱的角度看世界时，你会深刻地体会到原谅是一种修补心灵、人际关系和群体裂痕的方式。原谅因爱而紧密相连，权力则具有分裂和毁灭的潜在危险。

在人生旅途中，你会遇到一些人，他们对权力的看法占据了人群中的主导地位。他们可能就是伤害过你的人，有时甚至一次又一次地伤害你。我们所有人都可能同时持有这两种世界观，但当你仔细观察时，你会发现所有人的天平都会以某种方式朝着爱**或**权力的方向倾斜。

练习4：认清世界上的权力

　　这个练习的目的是帮助你训练你的头脑，使你更敏锐地认清世界上存在的权力，这样你就不会不经意地加入那些拥有基于骄傲和权力的世界观的阵营中。很多人几乎是无意识地通过权力的镜头，把他人当作达成自己目标的可操纵之物，你周围也有很多人在这么做。不过，这里的重点是，不要变得过度警惕而失去平衡，将一切结果都视为权力的操控。所以在做这个练习的时候，保持内心平衡和头脑理智是很重要的。在有权力的地方，重要的是要看到它，并站在你的视角，给它做上标记：这是一种权力的展现。这个练习还可以帮助你识别那些对你不公正的人，因为你现在认识到他们的世界观是如何的影响了他们的行为。现在让我们开始练习。

　　请你列出至少五个例子，尤其是在你所在的群体里，人们以骄傲和权力行事，而不是以更清晰的视角、爱或仁慈行事。让我们先从两个例子开始。第一个是最近发生在我身上的事情。一个人盗取了我的信用卡信息。那个人先用我的信用卡为我注册了一本旅游杂志，然后很快又尝试购买了3000美元的潜水设备。注册旅游杂志对于盗窃的第一步来说是个聪明的举动，因为它给我的信用卡公司的安全部门留下了一条旅行记录。那个人让我看起来对旅行很感兴趣，所以第二步大手笔购买潜水设备似乎是很合理的。但安全部门的反应更敏锐，这次盗窃并没成功。那个人试图利用他的黑客技能占我的便宜，就是施加权力操控我。

第二个例子，你们可能还记得一家美国公司安然，它自称是能源巨头，在2000年积累了1010亿美元资产。事实证明，该公司的高管们一直在做假账，并谎报自己有多强大——为了变得更强大。当我们现在谈论这家公司的时候，它已经倒闭了……出于对权力的追求。正如你所看到的，这种权力攫取不是某种一次性的弱点，而是一种持续的、蓄意发展出的生活方式。该公司选择通过欺骗和偷窃来获得凌驾于他人之上的权力——这与服务相去甚远。

现在轮到你列举五个权力战胜爱的例子了。想想那些政治人物、老板、高速公路上的司机、权威人士和身边的熟人。看看电视广告、网上或报纸上的广告。其中很多人所传达的微妙信息是什么？然后问问你自己这个问题：这种关乎权力的世界观在当今世界和自己所处的群体中有多么普遍？正如我们将在下一章中看到的，你可能已经被那些拥有以骄傲和权力为基础的世界观的人伤害了，这也许是一种很深的伤害。

练习5：在权力世界中看到你的行事方式

接下来的练习将探讨你的世界观。也许你自己都没有意识到，你是否一直在以一种基于骄傲和权力的世界观行事。我问这个问题是因为，如果你选择尝试去原谅，就必须看到那些可能削弱你努力的、非常微妙的、几乎隐藏的敌人。骄傲和权力是如何削弱你为了原谅所做出的努力的？在骄傲和权力的名义下，你赋予怨恨"崇高"的理由，认为自己有权利去仇恨。这过程是如此微妙，即使你能够察觉，也不见得将其视为骄傲和权力。

这里有一个例子。海伦经常去教堂，她希望别人把她看作一个虔诚的妇女。她笑容灿烂，乐于助人，总是很轻易地向别人保证："我会原谅你的。"每个人都喜欢海伦。然而，在她的内心深处，却怀着权力的意图。她希望别人羡慕她那看起来爽快愉悦的生活方式，但在内心深处，她为自己受到的哪怕是微不足道的怠慢而生气，为自己面临的不公正而怒火中烧。没有人看到这些，因为她把这些隐藏于心。她的表情和行事方式展示出的是一种基于爱的世界观，但内心世界却与此相悖。她郁郁寡欢，心怀怨恨，因为骄傲的自尊而在人前保持着良好的姿态。她渴望被爱，但她的爱的行为其实是一种对权力的追求，即通过爱人的举动来实现她被爱的目标。她的内心很痛苦，最终去寻求心理医生，并接受了抑郁症的治疗。她基于骄傲和权力的世界观，使她感到不适。

记住上面所述，列出五个你因为骄傲和权力，而错失更清晰的视角、爱和仁慈的例子。重点不是让你难堪，也不是评判你。任何开始原谅之旅的人都必须非常彻底地检查自己的世界观，以学会如何从基于权力的世界观中发现微妙的线索。问问自己这些问题：

- 这种世界观在我的内心有多常见？
- 作为一个人，当我透过权力的视角并按照这种视角来行动时，我有多快乐？

你可以用一个星期的时间写日志，然后记下你从基于权力的世界观中捕捉自己行为的实例。你可以以海伦的经历为例，来指导自己进行思考。当然，你的经历可能不像海伦的那么戏剧化，所以请只把她的经历当作一个可参照的例子。

通过练习增加你的爱、仁慈和原谅

既然你已经了解了爱和仁慈以及它们的对手——骄傲和权力，那么让我们通过接下来的两个练习来培养爱、仁慈和原谅这些富有生命力的品质。

练习6：训练自己的思维以使用更清晰的视角、奉献之爱和仁慈

因为这个练习是专门为了促使你将爱的视角作为一种世界观，所以它不是关于如何做的，而是关于如何观察的。这样做的目的是训练你的思维，使你对世界上的爱有概括性的了解（就像你在上面练习中看到的世界上的权力一样）。这并不是要求你改变你的世界观。那将是以后的事了。从现在开始，请把你的精力，包括你的思维和注意力，从权力转移到"三大原则"——更清晰的视角、奉献之爱和仁慈上面。一旦你看到这些，我们就会开始练习它们，最终，我们可以把所有这些应用到原谅的实践中去。

在这个练习中，你的任务是开始了解世界上其他地方的人对"三大原则"的看法。翻一翻报纸（无论是网上的还是送到你家门口的），目的是找到一个例子——只要一个就行——例子中的那个人非比寻常，视别人为特别的、独特的、不可替代的。如今，全球网络带给我们的好处之一是，善举可以被广泛传播，YouTube上到处都是。有了这些资源，找到一个已经能够证明"三大原则"的人并花几分钟思考他的行为应该不难。

我今天早上做了这个练习，然后想到了一个在网上疯传的故事。那是一张非裔美国人在地铁车厢中睡觉的

照片。他把头靠在一个犹太人的肩上。那个犹太男子戴着圆顶小帽，任由那个人靠在自己身上，他解释说他意识到那个正在睡觉的人累了，需要休息。他用更清晰的视角，把熟睡的人理解为一个应该被尊重和关心的实实在在的人。这个例子展示了更清晰的视角和奉献之爱是可以融合在一起的。

现在，试着找到或想出一个故事，在这个故事中，有人在向别人展示奉献之爱。上面关于阿米什人的故事就是奉献之爱的一个极好的例子。试着找到你自己的例子，这样你就能积极地参与到这个练习中，而不是只阅读我的例子。积极参与是加强你对奉献之爱的世界观理解的唯一途径。

最后，在这个世界上寻找一个仁慈的故事。在国际宽恕研究所网站（www.internationalforgiveness.com）的宽恕新闻部分有很多这样的例子。在那里，你会发现来自世界各地的人们向那些曾给他们造成严重伤害的人伸出了援手。这些故事让我们的内心备受鼓舞，因为我们看到了那些深受伤害的人的勇敢和爱。

练习7：培养更清晰的视角和奉献之爱

是时候在观察的基础上去行动了。这个练习对于培养如何将"三大原则"带入日常的生活习惯尤为重要。我们会暂时搁置仁慈的一面，因为现在还不是原谅的时候，它将在第四章出现。现在我们要做的是，当你和别人在一起的时候，要专注于培养更清晰的视角。

在这个练习中，首先选择五个人作为你关注的对象。他们不需要都是与你互动过的熟人。例如，其中一个人可能是你在大街上遇到的。而其他人应该是与你有过直接接触的，无论是现实接触还是通过网络互动。对自己说以下这些话——注意是对自己说，而不是直接对对方说。

- 这个人在这个世界上是特别的、独一无二的、不可替代的。
- 这个人可能在过去受过伤。时至今日，他仍在心里默默地背负着那些创伤。
- 这个人可能已经遭遇了一些不公正的事情，并可能因此受到了伤害。

这就是针对五个关注对象的三项陈述。你可能想把它们写下来，挂在墙上或贴在冰箱上，这样就能随时提醒你去陈述它们，当然，你也可以把它们背下来。

作为这个练习的第二部分,你的任务是以某种方式向至少五个人展示"奉献之爱"。一个拥抱,一个微笑,社交媒体网站上的一个"赞",对疲惫的收银员有耐心,对受伤的同事表示理解,安慰一个孩子,在网络互动中提供一个愉快而鼓舞他人的信息,为慈善机构做一点小小的贡献——所有这些都是对"奉献之爱"的表达。

提醒 13

无论何时,只要你愿意,你都可以去实践,培养更清晰的视角和奉献之爱。

原则 5:每天从小事做起,练习原谅

当你学着原谅别人的时候,最好一开始先采取一些小举措。通过这种方式,你会建立信心,因为你会一点点地变得更熟练和自如。本着这种精神,让我们从一个小小的原谅练习开始:意识到你今天遇到的小烦恼,然后原谅那些让你烦恼的人。请记住我们在第一章中提到的:你原谅的是人,而不是无生命的物体。

练习8：从日常小烦恼中练习培养更清晰的视角、奉献之爱和仁慈

这个练习通过关注我们日常面对的小烦恼，让我们更接近原谅：一个开会迟到的同事、一个疲惫而不听你要求的孩子、一条等待付款的长队，所有这些都是参与这个练习的机会。

你今天的任务是找到一个人，向他实践"三大原则"。当你发现这个人以一种微不足道的方式让你烦恼时，首先对自己重复这三个陈述（可能是背下来的）。以下是一个简短的版本可以作为提示："这个人很特别，他在过去受过伤害，他可能正在与我看不到的不公作斗争。"

接下来，在实际行动中践行奉献之爱。即使在你烦恼的时候，当你把这个人看作一个特别的人（因为我们都是），试着用某种具体的方式来表达这种认识（一个微笑，一句同情的话），并练习仁慈的自制力（这样你就不会出于你的沮丧而心生报复）。试着温柔和坦诚地鼓励对方，因为身处其中的你能够做到这一点。

这个练习是为今天做的，也是为每天做的，它是一种强有力的方法（从道德的角度来说），使你可以始终坚持自己爱的世界观。

> **提醒 14**
>
> 你可以用更清晰的视角、奉献之爱和仁慈这三大原则来应对日常的小烦恼。

原则 6：始终如一地去原谅

我们的感受有时会妨碍我们原谅的意愿和能力。当我们很生气的时候，我们就没有心情去原谅别人。当别人的行为带给你的只是一种烦恼，而不是什么严重的过错时，通过实践"三大原则"去原谅会容易得多。

现在的挑战是，即使你不喜欢原谅，或者你的愤怒阻碍了你去原谅，你也要尽可能始终如一地做出原谅的承诺。这不是说你必须马上就做到原谅他人。我是在鼓励你，让你做好原谅的准备，让更清晰的视角变成你的一种习惯。不管这个人是谁，不管你的内心状态如何，或者别人的行为是什么，你都要通过这个视角去观察对方。

练习 9：在不同的情况下要始终如一地去原谅

想象下面的三个场景，并将它们作为你练习原谅的方法，在每一种情况下，都要始终如一地去原谅。

- 场景1。你很累，在晚上开车回家的路上，有人突然挡住了你的车。你不得不猛踩刹车，你的心跳开始加速，因为差点发生车祸。尽管如此，你还能认为这个人是特别的、独一无二的、不可替代的吗？你愿意承诺一定会原谅他吗？

- 场景2。你所爱的人需要你的关注，但此时的你正感觉不舒服。事实上，你会发现，当你无法给予关注的时候，他却在执意要求你（给予点什么）。你察觉到自己怒火中烧。你是否愿意控制自己的愤怒？（这样它就不会以一种不健康的方式倾泻而出。）你是否愿意运用"三大原则"开始一场原谅的练习？（这样愤怒就不会从内到外地侵占你。）请不要认为这是一个很严苛的任务，而是把它作为一种帮助自己保持情绪健康的方法。

- 场景3。你正在忙着，电话响了，你快速看了一眼来电显示，以为是一个朋友打来的。但你拿起电话，听到对方是一个电话推销员。你是否愿意避免因摔电话或表现得不礼貌而给对方造成伤害？你是否愿意立即开始认识到这个人也是特别的、独一无二的、不可替代的，并做出符合这种认识的反应？

如果你能在面对这三种不同的情况时都保持原谅的态度，那原谅就开始成为你生活的一部分了。你在其中一个方面的练习可能会影响到其他方面，并且当现实生活中出现需要仁慈而非愤怒的场景时，这些练习就会帮助你。关键是，每天都要坚持去练习原谅。

原则 7：坚持每天原谅别人

正如我之前在书中提到的，我从 20 世纪 80 年代中期就开始研究原谅和原谅了。在那段时间里，我认识到一点：许多人一开始对原谅很感兴趣，然后就开始练习，但几个月后就失去了热情。原谅会从他们的头脑和内心中消失，因为他们继续追捧生活中下一个流行的消遣方式了。他们没有强烈的意志来持续地去原谅，将原谅和宽恕作为一种实践和看待世界的方式。

这可能就发生在你身上。承诺宽恕并不仅仅意味着对一个以某种方式伤害过你的人做出短期承诺。承诺的意义远不止于此。如果你连续三个月每周健身几次，然后放弃锻炼，你的身体会变得健康吗？当然，并不会。原谅也是如此。你必须与那些让它在你心中消失的倾向做斗争，必须与生活中那些干扰你去原谅的事情做斗争。

> **提醒 15**
>
> 原谅会在你心中渐渐消失,直到你不再去想它。不要让这种情况发生,这是在帮你自己,也是在帮助别人。

练习 10:坚持练习原谅

以下五个问题,可以帮助你在余生中坚持练习原谅。

- 你是否意识到原谅很容易在你心中消失?
- 谁可以成为你的"原谅练习伙伴"?你们可以通过互相帮助来坚持练习原谅,这既是为了你和你的伙伴的健康,也是为了那些可能接收了你愤怒情绪的人的健康。
- 当原谅在你心中慢慢消失的时候,想一想有哪些主要的消遣方式可能让你屈服了?说出它们的名字并注意它们。这些都是你健康的敌人。
- 你能每天留出三分钟回顾你的原谅进展吗?仅仅三分钟。如果这对你来说时间太长的话,那么每天能留出两分钟吗?
- 你知道原谅的好处吗?偶尔回顾一下,作为你在这个过程中保持宽容的动力。

> **提醒 16**
>
> 坚持练习原谅可能是你一生中最大、最有价值的挑战之一。

走向未来

第二章的练习是为了使你从总体上更好地了解他人，加强与他人的互动，使你准备好去原谅那些深深伤害你的人。就像本章描述的一样，用这些看待世界和与世界互动的新方法武装自己，将帮助你学会如何应用后面的内容来实践原谅。这就是为什么你需要不断练习这一章中的内容，使其成为你生命中的一部分的原因。当你努力从特定的情感创伤中治愈时，就会很容易地把这里所学到的内容放在一边，但请记住，这些学习可能会成为你更深层次疗愈的基础。练习本章中的内容，让它成为你日常生活中原谅习惯的一部分，这将使你接下来的原谅之旅成为可能。

Chapter
03

找到疼痛的根源，
消除内心的混乱

是的，因为别人对我的不公平对待，我现在心里很痛苦。但这种痛苦并非永远存在，有一些方法被证明可以克服这种痛苦，而原谅就是一种有科学依据的方法。我选择治愈，这样别人给我带来的心理影响就会消失了。

我们手里握着第三把钥匙，来到了第三扇门前，现在请拿起钥匙，自己打开门吧。我希望你能第一个走进去，以此来展示你想要治愈创伤的勇气和决心，希望你能够并且愿意站在痛苦面前，看清它的本质，而不是被它打败，这是情感治愈的第一步。当你准备好了，请带我走进这个充满痛苦的房间。这个房间只有一个出口，就在阳光下，我会和你在一起渡过难关。

> **提醒 17**
>
> 如果你选择被治愈，那么请通过练习原谅来疗愈你的痛苦。

理解不公正行为和它产生的后果

当你选择原谅一个人时，必须先确认，他真的曾对你做出不公正的行为。例如，卡里因为她的老板没有出席一个重要会议感到非常生气。会议结束后，她收到了一条消息，是她老板发来的，他为自己的缺席而道歉，他的女儿出了车祸，他不得不赶紧把她送到医院，连打电话给办公室的时间都没有。卡里意识到，在这种情况下，她的老板对女儿负有比对公司员工更大的责任。老板并没有犯需要被原谅的过错。所以，我们必须确定，在什么情况下你需要付出时间和精力去原谅对方，以及在什么情况下并不需要去原谅，因为对方从一开始就没有冒犯你。

不公正是指一个人对你采取的任何行动或不作为（比如在没有原因的情况下故意缺席会议）是你本不应该承受的。这里我们的对象指的是人，龙卷风和其他自然灾害不是人，所以不会对你不公正。有时，那个人还会是你自己，就像我们将在后面章节中看到的那样。不公正是未能履行义务，这就是我的意思。为了能在这个星球上好好生活，所有人都需要获得这些基本的权利：呼吸新鲜空气的权利，获得有营养食物的权利，免受恶劣天气影响的权利，以及被视为完全的自然人的权利。因为你有这些权利，所以其他人就有义务不去妨碍你享受它们。无论是故意为之还是无意识的忽视，当一个人妨碍你享受合法权利时，他对你就是不公正的。

偷你东西的人有义务不这样做，因为他侵犯了你的财产权。但是，如果你有一千个面包，而你的邻居没有呢？那么，你是否有义务做到公义？当然，这种义务不是强加于你的。

> **提醒 18**
>
> 我们都有权利和义务。那些剥夺你权利的人对你是不公正的。

有时候，不公正并不都像偷窃那样，是一种故意的行为。假设你正在开车，一个司机闯红灯从侧面撞到了你的车，把你的车和膝盖都撞坏了。"但我不是故意这么做的！"肇事司机解释道。那又怎样？他有义务注意那些可能发生并且确实发生在你身上的可怕后果，而你有权利拥有完好的车和膝盖。

> **提醒 19**
>
> 人们可能故意不遵守义务，也可能在意料之外被动地违反义务。在任何一种情况下，未能遵守义务都会损害你的权利。

因此，不遵守义务和侵犯你的基本权利往往涉及他人对你施以权力（我再次使用**权力**这个词的负面意义）。对方的内心世界存在一种冲突，即他认为自己拥有的权利和他视而不见的你的权利。

"但我必须在开车的时候给那个人发短信。"
"他自找的，他把我逼疯了。"
"这是她自找的，她侮辱了我。"

你知道，以眼还眼并不总是公正的。如果你对别人不公正，他们并没有权利以不义回击。他们有义务用正义的方式来对待你的不公正行为。例如，如果你不尊重他人，对方可以用语言来告诫你。

当一个使用权力的人告诉你"你错了，你没有受到不公正的对待"时，不要相信。他们会口口声声说"你错了"，并轻蔑地说"别呆头呆脑的，醒醒吧"，还会冷漠地低声说"算了吧"。这就是一场权力游戏。

> **提醒 20**
>
> 对方对于权力的世界观可能会以善良的名义对你造成不公正，不要被他所说的你并没有受到不公正对待的论点所愚弄。

与此同时，要警惕通过权力的视角来解读一切，因为那样你可能会将无关正义的事视为不公正。以下是一些对不公正的错误看法。

"我的大学老师没有权利给我布置作业，因为我的生活很忙。"
"当我准备出去玩的时候，我的伴侣没有权利休息。"
"我的孩子没有不完美的权利。"
"即使我做错了，也没有人有权利纠正我。"

如果你不小心，就可能会曲解自己的义务和他人的权利。

> **提醒 21**
>
> 当你使用权力的视角时，你就曲解了不公正的意义。你会轻易地指责别人的不义，而事实上那并非不公正。摆脱权力，才能拥有更清晰的视野。

最后，我们必须认识到，真正的不公正是由于对方故意违背义务而损害了你真正的权利。当你的权利受到损害时，你就受到了伤害。不公正所造成的后果可能和不公正发生时造成的伤害一样严重，甚至更严重。为了你自己的利益，我们必须消除这些不公正的影响。你可能会处于一种内心混乱的状态，感到不安、悲伤和困惑。

> **提醒 22**
>
> 当有人对你施以不公时，其结果可能非常严重。你有权利处理那些具有破坏性的后果，尤其是使你内心混乱的内在影响。

因为当别人对你不公正的时候，你受到了伤害，所以你拥有治愈的权利。这就是我们将在下一章中探讨的方向。在本章中，让我们花点时间以从总体上来寻找一下你疼痛的根源，因为你可能不是一名医生、咨询师或卫生保健工作者，不能像他们那样专业地诊断出你内心混乱的原因。我在这里会使用更常见的词汇，正如所有人在寻求医疗帮助之前都会使用的那些词。当你因为膝盖剧痛去看急诊的时候，首先需要自己做一个初步的诊断，判断一下到底是哪不对劲。这就是重点，你要对你的内心世界做出一个初步的诊断，这样你才能朝着对你最好的治愈方向前进。现在让我们开始看看你的内在世界，它是朝着治愈的方向吗？让我重复一遍：你有权利从别人的不公正行为中得到情感上的治愈。在这个过程中，重要的不是去评判或谴责别人的行为，而是去审视，并分辨其是否不公正。

弄清楚该原谅哪些人，并为他们排序

在弄清楚你的原谅之旅中该关注谁之前，先听听下面这些受伤的故事吧，它们可以帮助你洞察到那些过去或正在发生的不公正所带来的创伤。这里的重点是，不要把别人所受的伤害当成自己的。请你通过这些例子，问自己这两个问题："谁伤害了我？"和"谁伤我最深？"。在接下来的章节中，你将会为这些人踏上原谅之旅……为了他人的利益（因为原谅是关于善良的），也为了你内心世界的疗愈（因为你有权利得到这种疗愈）。

并不是所有的故事都和你有直接的关系，但有些可能是非常相关的，只是你从来没有想过它们会以类似的方式发生而已。无论哪种情况，这些故事都是为了帮助你了解自己的内心世界。

父亲之伤与同伴之伤

克里斯托弗是一名中学教师，他从事这一职业已经10年了。学生们都受不了他，认为他是个几近粗鲁的专制主义者。他布置的作业太多了，这使学生们感到窒息。他要求每个人都必须尊重他，学生们也不敢在课堂上挑战他的权威，只能痛苦地忍受着，只愿从未被分配到他的班级。没有人是快乐的，包括克里斯托弗。

小时候，克里斯托弗不擅长运动，有时他的同龄人会嘲笑他，以至于他觉得与他们很疏远。他暗地里渴望成为同龄人中的一员，但他一直都不太合群。他的父亲是一个对孩子要求很高的人，期望他在学校有出色的行为和成绩。克里斯托弗觉得自己从未被父亲完全接受，因为他总是比父亲的期望值差一点点。克里斯托弗在沮丧、不满足和愤怒中长大，但他没有意识到自己很生气。毕竟，当他还是个孩子的时候，他不得不依靠他的父亲，在选择和谁同校的问题上也无能为力。所以，他只是通过否认一切来压抑自己的愤怒。

然而，愤怒确实存在，而且仍然存在。在成长过程中，他没有从同龄人那里得到的东西——尊重——他现在要求他的学生给予他。他模仿他父亲的高标准，并把它们强加给每一个学生。痛苦会产生痛苦，从而带来更多的痛苦。克里斯托弗曾受到伤害，现在他让更多的学生一起困在他那充满怨恨的房间里，直到他最终意识到这一点。他对这些学生施加权力，因为他们的年龄正好与多年前克里斯托弗被权力宰制的年龄相同，而他采取的专制姿态正是他小时候父亲对他的态度。克里斯托弗把自己受过的创伤复制给他的学生。如果开始接受宽恕治疗，克里斯托弗必须认识到他的主要创伤来自他的父亲，他的父亲严重地损害了儿子的自我形象。而他的同伴们给他造成了二次伤害。除非克里斯托弗原谅他的父亲，否则即便他决定先原谅同伴，他那挥之不去的愤怒也可能会阻碍他的原谅之旅。所以对克里斯托弗来说，最好的办法就是先原谅他的父亲，再原谅他的同伴，按这个顺序踏上原谅之旅。

母亲之伤和伴侣之伤

萨曼莎是三个孩子中年龄最大的一个。她抑郁的母亲几乎没有精力打扫房子、准备好丰盛的饭菜，或是照顾好孩子们的身心需求。因此，萨曼莎并没有和母亲形成亲密的依恋关系。在童年早期，与父母之间良好的依恋关系对培养孩子对他人的信任至关重要。年轻时，萨曼莎那脆弱的信任感妨碍了她与异性交往，她不能允许自己在情感上接近任何一个潜在的伴侣。她五次恋爱都以失败告终。在其中两段关系中，由于萨曼莎与母亲之间缺乏健康的依恋关系，导致她对伴侣做出了糟糕的选择。其中一个伴侣有严重的酗酒问题，萨曼莎一开始甚至没有意识到这一点。当她最终意识到时，她认为可以以某种方式来"解决"这个问题。在另一段有问题的关系中，伴侣会用语言来辱骂她。而她再次认为，随着时间的推移，这种虐待会结束。

由于这五段失败的感情经历，她成年后一直单身。她没有关系亲密的朋友圈，只能在事业上寻找安慰。她既孤独又愤怒，把自己面临的麻烦都归咎于伴侣，把注意力集中在对方的小缺点（有三次）和大缺点（有两次）上，以此合理化自己五段失败的感情经历。她的世界观变得相当消极，萨曼莎得出的结论是，伴侣关系是以自我利益为主的、是自私的，她不想参与其中。她的孤独变成了严重的抑郁。当她寻求帮助时，她的治疗师认为她的抑郁症主要是生理上的，在治疗她的症状时，并没有挖掘出她因不良的依恋关系而缺乏安全感的问题，也没能满足她需要原谅母亲未能与子女建立起重要依恋关系的需求。虽然治疗师确实关注到了行为极端的两名伴侣，但并没能追溯到萨曼莎母亲身上。

如果萨曼莎接受了宽恕治疗，她就会解决她与母亲（主要伤口）和至少两名伴侣（次要伤口）之间的问题。因此，她最需要原谅的人是她的母亲。即使她在宽恕治疗中，试图先原谅伴侣，比如说那个辱骂她的人，但她也仍然需要将源头定位到母亲身上。她母亲没有和她建立起健康的依恋关系，这对她造成了最严重的伤害。如果不原谅母亲，萨曼莎可能会发现自己很难向别人伸出仁慈之手，因为她的信任感在童年早期就受到了严重的损害。

民族／种族创伤和来自特定群体的创伤

珍妮丝和丈夫詹姆斯以及儿子罗德里戈刚从菲律宾搬到西欧的一个中等城市。在新城市定居后，她开始注意到一些人的"不友好态度"，甚至是那些她不认识的人。当她和詹姆斯对此进行调查时，他们发现这座城市的气氛一直很紧张，在过去的两年中，由于医院缺乏护士，泰国的护士纷纷响应广告来到这座城市的医院工作。他们发现，大多当地居民都没有意识到是医院在招人，而不是泰国的护士们主动要求移民到这个特别的城市。然而，一些市民却错误地认为这些来自泰国的人抢走了当地人的工作。况且，珍妮丝甚至都不是泰国人。

珍妮丝和詹姆斯现在陷入了一种不健康的状态。在公共场合，他们总感觉周围都是随处可见的负面反应，珍妮丝也越来越不满。与此同时，罗德里戈在学校里受到了一小群学生的排挤，这让珍妮丝很担心。其实，在更广泛的社区和罗德里戈的学校里，绝大多数人的表现都很礼貌。但这种不文明行为发生的次数越来越多，以至于珍妮丝觉得她的家庭生活质量受到了损害。

她现在认为种族偏见是一种常态，至少对一些人来说是这样的，这很难改变。这种不易察觉却又确实存在的微妙感觉伤了她的心。

珍妮丝一直在与内心的愤怒作斗争，她认为这种愤怒是不健康的，是由一种无助的感觉引起的，她认为种族偏见的问题不会很快消失。被困住的感觉增加了她的愤怒，最近甚至使她变得焦虑。

如果珍妮丝开始进行宽恕治疗，那她的主要创伤将被确定为来自社会规范，源于微妙或不那么微妙的种族刻板印象以及这种偏见的延续（给她带来了创伤）。一个人怎么能宽恕社会规范呢？社会规范不是人，我们原谅的是人，而不是无生命的物体和抽象的思想。珍妮丝不会原谅这些社会规范，而是原谅那些坚持并延续这些社会规范的人。原谅群体是可能的，即使是像社会这样庞大而抽象的群体。我们将在下一章讨论这个主题。珍妮丝的二次创伤来自罗德里戈学校的几个学生。

种族偏见造成的创伤带来了持续疼痛，它很可能会蔓延到珍妮丝生活的其他方面，例如，她与远在菲律宾的父母的通信。最近他们之间的通信越来越少，因为她不想和父母分享她的经历，他们可能会感到担心。原谅那些延续这些社会规范的人，可以让她的内心世界平静下来，然后试着原谅那些将社会规范带入她儿子学校的人。

在将焦点转移到确认你的不公和伤害的来源之前，让我们先停下来，思考一个心理治疗领域的新想法，这样你就会得到保护。

在确定伤害你的人之前：关于二次创伤的注意事项

在我写这篇文章的时候，心理疗法中有一个学派是这样认为的：不要要求来访者重温那些创伤性事件。当他在生活中往前看时，没有必要再次揭开那些伤口，要帮助他远离创伤。回到过去重新审视，是在阻碍他的修复之路。

这个建议在某种程度上是好的。举个例子：有人因为一场严重的车祸导致肩膀受伤而去看骨科医生。如果医生花很多时间来询问车祸的细节，那这种关注可能会引起病人的焦虑。假设医生只详细询问病人看到另一辆车向他驶来时发生了什么，以及他受到冲击时的反应及被撞后的心理状态，那患者对这些问题的回答是不可能修复他的肩膀的。这种询问不仅仅是浪费时间，对肩膀的愈合也没有实质性的帮助，还可能会使病人再次受到创伤，现在医生需要做的只是对受伤的肩膀进行诊断。

诊断的一部分是了解受伤是如何发生的。这个人是在伸手去拿家里的一个罐子时肩膀突然极度疼痛的吗？发生过什么事故，摔倒了吗？对于医生来说，重要的是知道这是由于创伤事件造成的，还是由于长期肌腱磨损造成的。现在，医生通过"伸手拿罐子"这样一个简单的动作就能确定病人是如何受伤的，这有助于治疗策略的制定。（例如，长期肌腱磨损的伤可能比外力所致的伤更难通过手术来修复。）

诊断的一部分还需要弄清楚病人的肩膀现在能做什么和不能做什么。这需要通过一些尝试性的动作才能得知，如将手臂举到前面，再从侧面抬高。在诊断过程中，专业人员会对手臂施加一些阻力，这可能会造成疼痛。

你是否看到，在重新审视事件本身的细节和检查事件"如何"发生及其后果之间有着实质性的区别？询问患者肩膀受伤时的情况以及通过测试手臂的力量和活动范围来确定病症，这与详细回顾车祸情况是不一样的。是的，诊断的过程可能会造成患者的一些情感创伤，包括解释手术本身（如果需要）以及未来几个月的康复过程，这些都可能会导致一些情感创伤。然而，这些都不能被归为对患者的二次创伤，这是医生正在评估患者的基本情况。

在我们现在要做的练习中,你不需要清楚地回忆发生在你身上的细枝末节,你只需要指出自己所经历的不公正。毕竟,如果你不能把一件不公正的事和一个或几个人联系起来,那么你怎么知道要去原谅谁呢?同样重要的是,检查他人对你伤害所造成的影响,可以帮助我们判断,原谅这个人(从心理学角度)是否对你至关重要。如果你只是被某个人轻微地伤害了,那么,就换一个,找一个伤害你很深以至于你需要通过原谅他来疗愈你内心的人。

这一步对于确定你需要哪种照护是很有必要的。就像外科医生处理受伤肩膀的情况一样,你需要的护理可能比你想象少。另一方面,如果伤势很严重,你绝对应该继续修复你的内心,以便减轻症状并处理真正的问题根源。

更重要的一点是:因为原谅是一种道德美德,所以原谅那些对你不公正的人总是好的,不管你是否受到了深深的伤害。为什么呢?因为善是值得随时随地练习的,仅仅因为它是善。

提醒 23

原谅本身就是良善。

提醒 24

从心理学的角度来看,原谅是一个很好的实践,因为它可以治愈受伤的人。当我们专注于不公正的后果并想要从中获得疗愈时,并不意味着原谅就成了一种利己的行为。

找出可能伤害过你的人

如果你想知道应该原谅谁，你就必须审视你生活中从童年到现在的所有人。我知道那将花费一段很长的时间，但你确实需要看一看，这样你才能真正找到那些伤害过你内心的人。

现在让我们来看看一些可能造成伤害的人的类别。这并不是一个详尽的清单，只是一个起点。当你回想起那些伤害过你的人的时候，请牢记这句话。

练习1：谁伤害了你？

在这个练习中，你的任务是依据以下材料简单地记录你对这些问题的回答，这些材料描述了父亲、母亲、兄弟姐妹、同伴、老师、伴侣、雇主/同事、你自己的孩子、你自己、你的社群、你的民族、种族和其他形式的偏见。

I. 这个人是否对我有不公正的行为，也许是对我施加了权力，或者是收回了对我的爱。是或否？

II. 如果是这样，这种不公正的行为或不公正的形式有多严重（这种行为是这个人的习惯吗）？你可以给每个人提供一个评级：

1. 轻微伤害

2. 有些伤害

3. 伤害

4. 很伤害

5. 极度伤害

III. 当你考虑到你所有的内心疼痛时，这个人在多大程度上导致了这种疼痛？你可以这样对此人进行打分：

1. 在极小的程度上

2. 在较小的程度上

3. 在一定程度上

4. 在很大程度上

5. 在极大程度上

父亲

你被你父亲伤害了吗？父亲常常会使用权力摧毁你的自信。你父亲的行为会影响你成年后与男性的关系，比如破坏信任、使友谊变得困难。你父亲的行为会对你的精神生活或宗教生活产生影响。不要细想，请说出你经历过的不公或不公的形式。当某人对你的不公正是通过不计其数的个别事件而形成一种全面性的倾向时，你可以原谅这个人。你父亲的这一行为或一系列行为有多伤人？你认为你和父亲的经历对你的内心世界有负面影响吗？

母亲

回答同样的三个问题：你被你母亲伤害了吗？你母亲的这一行为或一系列行为有多伤人？你认为你和母亲的经历对你的内心世界有负面影响吗？正如我们在前面案例中看到的那样，当母亲不能培养起与孩子健康的依恋关系时，就会破坏子女的信任感和安全感。这种基本的失败会导致成人在建立恋爱关系时遇到困难。

兄弟姐妹

如果有不止一个兄弟姐妹伤害过你，请你说出他们每个人的名字，并回答关于他们每个人的三个问题。

你被（兄弟姐妹的名字）伤害了吗？（兄弟姐妹的名字）的这一行为或一系列行为有多伤人？你认为你与（兄弟姐妹的名字）的经历对你的内心世界有负面影响吗？兄弟姐妹之间产生的创伤可能会导致我们生活中人际关系的冲突。想想约瑟的故事，会给你一些启示。

同伴

同伴可能会对我们进行欺凌，这会损害我们的自我形象和自尊。这种受伤的自我形象会一直延续到成年。回想一下我们上面的案例，在克里斯托弗成年后的整个生活中，直到他开始接受治疗，他都在试图修复年轻时经历的同伴带来的伤害。

如果有多个同伴伤害过你，请说出每个人的名字，并回答关于每个人的三个问题：你被（同伴的名字）伤害过吗？（同伴的名字）的这一行为或一系列行为有多伤人？你认为你和（同伴的名字）的经历对你的内心世界有负面影响吗？

老师

伤害学生的老师往往也会伤害孩子们作为学习者的自我形象。这些年轻人在内心深处会认为"我很蠢""我很坏""我不配合"。如果这让你想起什么，问问自己："我真的……愚蠢、坏、不配合吗？"在第四章中，我们将基于这些经验来解决自我形象的问题。现在，请先回答关于老师和所有与你的教育经历有关的人（如教练）的三个问题：你是否被（老师／校长／教练的名字）伤害过？（老师／校长／教练的名字）的这一行为或一系列行为有多伤人？你认为你与（老师／校长／教练的名字）的经历对你的内心世界有负面影响吗？

伴侣

我们最容易被那些承诺给我们爱却背叛了爱的人伤害。有时，这个人受到了来自他父母的创伤的影响，并传递着这种伤害。有时，你是那个曾经（并将继续）受到父母创伤影响的人。所以这个伤口是先前伤口的延伸，可能是童年留下的。想想那些曾经不公正、深深伤害过你，现在正让你内心混乱的伴侣：你被（伴侣的名字）伤害了吗？（伴侣的名字）的这一行为或一系列行为有多伤人？你认为你和（伴侣的名字）的经历对你的内心世界有负面影响吗？

雇主／同事

很多时候，工作场所是施展权力的沃土，那些施加给你的权力往往会带来伤害。一个专制的雇主可能会把父亲带来的创伤传递给你。当然，并不是所有专制的雇主都经历过来自父亲的创伤，但这肯定是将伤害性的权力带入工作场所的一个途径。

有时,同事们会承受很大的压力,导致对他人表现得麻木不仁。你是否被(雇主／同事的名字)伤害过?(雇主／同事的名字)的这一行为或一系列行为有多伤人?你认为你与(雇主／同事的名字)的经历对你的内心世界有负面影响吗?

你的孩子

孩子们在成长过程中会有自己的创伤,然后再把这些创伤传给老一辈。来自校园、老师、雇主,或者父母任何一方的伤害,都可能导致孩子做出不公正的行为。你需要有勇气来面对这个问题并如实回答:是的,我的儿子／女儿伤害了我。所以,鼓起勇气,回答关于你孩子的三个问题:你被(孩子的名字)伤害了吗?(孩子的名字)的这一行为或一系列行为有多伤人?你认为你与(孩子的名字)的经历对你的内心世界有负面影响吗?

你自己

是的,你可能会伤害到自己。关于这一点,我将第七章中进行详细的说明。现在,请先把这三个问题填出来,把你自己当作伤害你的人。你伤害到了自己吗?这一行为或一系列行为对你有多大的伤害?你认为你自己的想法和行为对你的内心世界产生了负面影响吗?

你所属的社群

我们属于许多社群:当地的居民区、我们的城市和教堂都是例子。在你所在的社群中,是否有某些人的态度是不公正的、带来了伤害,甚至可能加剧了你内在的压力?通过以下三个问题来对你所处的不同社区进行评级：你被（社群的名字）伤害了吗？（社群的名字）的这一行为或一系列行为有多伤人？你认为你与（社群的名字）的经历对你的内心世界有负面影响吗？

你的民族、种族和其他形式的偏见

在珍妮丝的案例研究中，我们看到了社会规范是如何向许多人传递严厉而不恰当的信息的。你可能就是遭受这样痛苦的人中的一员。如果是这样，通过回答关于你所在的社会和亲身经历的三个问题来检查它们对你的伤害程度。这是一个更难评估的领域，因为没有一个特定的人在用愤怒的眼神看着你。然而，这些社会规范会使你时时感觉到它们的存在。如果你感觉到这种形式的伤害，请根据你所经历的社会偏见来评估这三个问题：你被（社会偏见的类型）伤害了吗？（社会偏见的类型）的这一行为或一系列行为对你造成了多大的伤害？你认为你所经历的（社会偏见的类型）对你的内心世界有负面影响吗？

这里没有列出的其他任何内容

还有谁伤害了你？现在就把他们列出来，即使你不知道这个人的名字。也许你是一起入室盗窃或武装抢劫案件的受害者。你可以在脑海中看到那个人，即使你无法说出他们的名字，甚至连一张清晰的脸都没有。看看这次经历给你带来了多少内心的混乱。你是否被（人名或描述）伤害了？（人名或描述）的这一行为或一系列行为对你造成了多大的伤害？你认为你与（人名或描述）的经历对你的内心世界有负面影响吗？

谁对你的伤害最大？

检查你前面练习中所有问题的答案，将第二题和第三题的得分相加。谁得到了最高的分数？在这种情况下，高分并不能让这个人成为"金光闪闪的明星"。相反，他（或他们）会在下一章中从你这里得到原谅。拿出勇气，依据他们对你的伤害程度排序，这就是你下一章的任务清单。

为了帮助你进一步了解你是否需要通过原谅进行自我疗愈，现在让我们更深入地检查你的受害程度。你遭受的伤害越多，原谅就越重要，这是出于情感治愈的目的。

七种内心创伤

本节的目的是帮助你尽可能温和地探视你可能遭受的七种内心创伤及内心混乱的来源。在第一章中，我们探讨了原谅的重要性和原谅的心理益处。在这里，你将以不同的方式探索它们，因为它们可能确实适用于你，也可能不适用。

首先，要知道内心受伤是很正常的。这并不会让你成为一个坏人或使你不如别人。我们在生活中都有受伤的时候，如果对你住所方圆一英里内的人进行民意调查的话，很可能有超过90%的成年人会告诉你，现在，他们正背负着需要愈合的内心创伤。所以，你并不孤单。

我们将在此探讨的七种内心创伤可能并不完全是由他人的不公造成的。意识到你所经历的不公正与我们将要讨论的主题之间的联系可能会让你产生更深刻的见解。举一个例子：如果你很焦虑，但又找不到原因，你可能会使用消极的、自我否定的陈述，比如"我是一个软弱的人""我让太多的事情困扰着我"，或"我怎么了"。如果你不把减少焦虑和原谅某些人联系起来，那么你可能不会得到对情感创伤最大程度上的照顾。原谅作为心理治疗的一个组成部分一直被忽视，一些心理治疗师也忽略了这一点。

当你准备好时，让我们一起看看这七种内心创伤中的第一种吧。

焦虑

每个活着的人都会或多或少地感到焦虑。这种焦虑可以是一种轻微的内心不安、害怕、担忧，甚至是一种绝对的恐慌。这是你所拥有的最不愉快的情绪之一，因为它会破坏你内心的平静。你焦虑吗？还是说，它对你来说根本不算什么？如果你确实焦虑，那么它是普遍存在的，还是只针对特定的人、地点或职责／任务／工作？当我们被他人伤害时，即使是以某种非常具体的方式，我们仍然会产生一种模糊不清的焦虑感，因为我们的安全感受到了损害。这个人偷走了我们的安全感，所以我们生活在恐惧之中。如果你确实焦虑，那么它是否是轻微的，只是偶尔出现，而不打扰你？它是否虽然愈加强烈，但仍然没有扰乱你的生活？还是说，焦虑阻碍了你，干扰了你的睡眠、精力或注意力？焦虑是否正在破坏你的幸福？如果它破坏了你的生活方式、如果它扼杀了你的幸福，那么你需要为了你自己的幸福来处理它。

正如你将看到的，我们的处理对象并非焦虑本身。原谅集中在伤害你的人身上，当你带着仁慈甚至爱的美德这样做的时候，焦虑可能就会减轻。所以，深呼吸，放松你的身体，因为当你原谅那些最应该为这种不舒服的感觉负责的人时，这种感觉就会减少。

抑郁

抑郁是悲伤的一种，它会让你感到疲劳，对以往喜欢的活动失去兴趣。它可以是一种轻微的悲伤感，也可以是一种深深的无力感。这种感觉不像焦虑那样强烈。相反，它更像是一种心境，而心境比感觉更持久。这也是你所拥有的最不愉快的情绪之一，因为它扰乱了你的内心世界，严重时还会影响你的日常生活。你感到抑郁吗？还是说，它对你来说不成问题？如果你怀疑自己抑郁，最好咨询心理健康专家来进行评估。如果你感到情绪低落，那么它是普遍存在的，还是只针对特定的人、地点或职责／任务／工作？当我们被他人伤害时，即使是以某种非常具体的方式，我们仍然会抑郁，这是一种模糊不清的感觉。如果这种普遍的抑郁状态存在于一天甚至每天中的大部分时间，且持续超过两周，那么精神卫生保健专业人员通常会诊断其为重度抑郁症。重度抑郁症可以通过药物来治疗。专业的帮助不仅可以诊断出重度抑郁症，也可以治疗它。

如果一种情绪使你感到抑郁（不仅仅是暂时的悲伤感觉，它时不时地影响所有人），那么它是否是轻微的，只是偶尔出现，而不打扰你？它是否虽然愈加强烈，但仍然没有扰乱你的生活？还是说，抑郁阻碍了你，干扰了你的睡眠、精力或注意力？抑郁是否正在破坏你的幸福？如果它破坏了你的生活方式、如果它扼杀了你的幸福，你需要为了你自己的幸福来处理它。同样，如果你的抑郁症状很严重，持续了两周或两周以上，请寻求专业帮助。现在的药物在减轻症状方面非常有效。请记住，如果抑郁症是由心理原因引起的，那么仅靠药物治疗是不够的，你必须找到抑郁的根源才能治愈。有些人认为抑郁症是由脑神经递质失衡引起的，因此无法治愈，只能用药物治疗。我不同意这个观点。正如你所知，有科学数据表明，乱伦幸存者在宽恕侵犯她们的男人之后，抑郁的症状都有所减轻，而在宽恕治疗结束 14 个月后，这种改善仍然存在。

不健康的愤怒

我们在第一章中讨论了不健康的愤怒的一般含义。不健康的愤怒，其特点是它会在人的内心愈燃愈烈。想一想，一个引燃点和随后持续的熊熊火焰。不健康的愤怒就像心中持续燃烧（或至少经常）的火焰。现在是时候检查一下你的愤怒模式了，看看它是否不健康。如果一个人让不健康的愤怒扎根并加剧，那么它几乎就成为一种需要治疗的疾病了。我从来没有听过医学专家把不健康的愤怒称为"一种疾病"，但也许有人已经这样做了，只是我错过了它。一旦愤怒变得不健康，除了暂时缓解之外，很难真正地去消灭它。当它扎根于一个人的体内时，就会影响这个人生活的方方面面。

长期、不健康的愤怒会导致严重的焦虑和抑郁。如果你有不健康的愤怒，考虑到它可能会导致进一步的心理并发症，你需要专业人员的帮助来缓解症状。一段时间以来，专业文献指出，严重的焦虑和抑郁往往伴随着强烈和持久的愤怒。在我们为精神科医生、心理学家和其他专业人士所写的《宽恕疗法》

一书中，菲茨吉本斯博士和我展示了愤怒与其他破坏性感觉和情绪之间的联系，以及原谅必须首先减少愤怒，然后再去减少由不公平对待带来的其他令人不安的影响。如果有可能用一种有效的解药来逆转这种不健康愤怒的"疾病"，那么这种解药就是——原谅。如果不健康的愤怒已经成为你生命的一部分，那么原谅可以让你重获新生。

就像询问你自己关于焦虑和抑郁的问题一样，同样请问一问自己关于愤怒的问题。如果你内心确实有愤怒，那么它是否是轻微的，只是偶尔出现，而不打扰你？它是否虽然愈加强烈，但仍然没有扰乱你的生活？还是说，愤怒阻碍了你，消耗了你的精力，破坏了你人际关系的质量？愤怒是否正在破坏你的幸福？如果它破坏了你的生活方式、如果它扼杀了你的幸福，你需要为了你自己的幸福来处理它。

缺乏信任

如果不公正的对待让你失去了对别人的信任，那么它就是邪恶的。当一方结束一段关系时，被抛弃的一方必须警惕这样的结论——"没有一个男人可以信任"或"所有的女人都只是为了自己"。根据你所经历的不公正待遇，你的信任感可能会在特定领域受到损害，你可能会对所有人都不再信任。被教练踢下板凳的青少年可能会认为所有的教练都是卑鄙小人。与此同时，如果这项体育运动是青少年生活的主要部分，那么他可能会得出结论："所有人都会做出愚蠢的决定，这些决定会伤害我，我必须要警惕每一个人！"

当你被一个人伤害之后，在很长一段时间里，缺乏信任可能还会阻碍你和其他人的健康关系的建立。在一段新的关系中，即使这个人很好，你仍会感到焦虑。这是因为你把上一段感情的创伤带到了新的感情中，直到你可以真正面对已经受损的信任感。

在上面的段落中，我使用了"焦虑"这个词来描述缺乏信任的感觉，这是因为我们在这里讨论的不是一个封闭性的问题。剧烈而持久的焦虑会与抑郁联系在一起，然后抑郁会导致信任的缺乏。这些问题是相互关联的，很可能同时出现。

现在让我们来问一些常见的问题。如果你感到不信任别人，那么这种情况是否只是偶尔出现，不会影响到你？它是否虽然愈加强烈，但仍然没有扰乱你的生活？还是说，这种不信任妨碍了你与他人的关系，特别是与对你很重要的人的关系？不信任是否正在破坏你的幸福？如果它破坏了你的生活方式、如果它扼杀了你的幸福，你需要为了你自己的幸福来处理它。

原谅本身只是恢复信任的一部分。愤怒可能使你无法开始另一段关系，而原谅会减少那些愤怒。如果你恢复了因不公正而受损的关系，那么你也需要同时践行公正与公平，要求对方真诚地改变那些具有破坏性的行为。

低自尊及缺乏自信

当我开始研究这段原谅的旅程时，并没有意识到下面的结论，但现在我已经足够意识到它了，并想自信地与你分享它。你知道因为别人残忍对待你，你最不喜欢的人是谁吗？是你自己。当别人伤害我们时，我们也会变得不喜欢自己，其程度更甚。

我一次又一次地听到人们这样说："我毫无价值。看到我有多没用了吧？这种事只会发生在一个没有价值的人身上！"那些被掌控着权力的人所伤害，然后不再施展爱的人，本质上已经被暗示或声称的"他们毫无价值"的信息洗脑了。随后，他们将负面信息内化，错误地得出结论："好吧，我认为这是真的，我一文不值。"而另一方，即想要掌握控制权的一方，就赢了。

缺乏自信与缺乏信任有关，但又不同。信任是向外的，是对他人的，缺乏信任最终会导致我们对他人感到悲观。而缺乏自信会导致我们对自己感到悲观。

当然，你可能会因为另一个人而受伤，产生低自尊（不那么喜欢自己）和低自信（对自己在生活中前进的能力感到悲观），这是不正确的。那个人造成的创伤不应该成为你自己内心的创伤，本书旨在帮助你摆脱这个关于你是谁、你能完成什么事情的谎言。仔细想想，这是对你的另一种形式的不公正，而第一种不公正则是对方对你采取的不公正的行为。继而，它导致了这种使你怀疑自己的新的不公正行为。

现在来回答我们熟悉的问题，这次的重点是自尊和自信。如果你确实有较低的自我价值感，那么它是否是轻微的，只是偶尔出现，而不打扰你？它是否虽然愈加强烈，但仍然没有扰乱你的生活？还是说，你的内心持续有一个声音："我不能……"这种声音阻碍了你，影响了你的生活质量吗？低自尊和缺乏自信是否正在破坏你的幸福？如果它们破坏了你的生活方式、如果它们扼杀了你的幸福，你需要为了你自己的幸福来处理它们。

消极的世界观

我们在这里谈论的是你的人生哲学。人的本质是什么？包括你在内的大多数人都是为自己着想吗？这个世界上还有很多爱吗？你和其他人还能给这个世界更多的爱吗？你为什么会在这个星球上？

所有这些问题构成了你的故事，关于这个世界是什么、它是如何运作的，以及居住在我们星球上的人的本质是什么。被他人残酷对待的人往往会在不知不觉中陷入一种普遍的悲观情绪中，在他们眼中，玻璃杯永远是半空的，而不是半满的。这种末日观点会导致焦虑、抑郁、不健康的愤怒、不信任和自卑。请从这个角度来思考一下你的心理健康：一个人严重伤害了你，你的反应是愤怒的。随着时间的推移，愤怒加深，让位于沮丧甚至抑郁，这降低了你的自我形象，助长了更深层次的悲观主义或消极世界观。这种悲观主义转而又加深了愤怒……这进一步加剧了抑郁……如此往复，越陷越深。我们必须在某种程度上阻止这种恶性循环，方法是减少不健康的愤怒，或者摆脱悲观的世界观，或者先用医学手段治疗焦虑和抑郁的症状，这样你就有精力和清醒的头脑来阻止自己陷入可能摧毁你的悲观主义了。你有没有发现我们可以在很多方面正面迎击不健康的愤怒？原谅可以从你人生旅途中的任何一站（在不健康的愤怒站、抑郁站或悲观世界观站）切入，为你和你爱的人停止那段旅程。现在他们将得到一个"全新的你"作为礼物。

提醒 25

你可以把原谅作为解药，帮助你面对生活中因不公平对待而造成的消极处境。

让我们思考一下本节中其他的重要问题。如果你确实有一个消极的世界观，那么它有多消极呢？它是否是温和的，也许还混合了更现实的想法？真的有一些好人存在吗？还是消极的世界观妨碍了你，影响了你的生活质量？消极的世界观会影响你的幸福感吗？如果它破坏了你的生活方式、如果它扼杀了你的幸福，你需要为了你自己的幸福来处理它。

对克服负面影响缺乏信心

当读到这篇文章的时候，你可能正因为受到虐待而感到沮丧，你会这样对自己说："在目前的困境中，我看不到出路。"这也是一个使你屈从于他人权力的巨大谎言。气馁是一种阻碍你建立自信的方式，你可以，也一定会改变它。缺乏自信会让你屈服于他人对你的控制，而你肯定不希望这样。试着改变一下节奏，站起来面对你无法走出困境的谎言，即使你现在还没有信心。可以和自己打个赌，你一定会克服这种信心上的不足，而原谅的力量会帮助你痊愈。

练习2：对你内心世界的考验

记录下你对以下七个问题的回答，并给每个问题打分（1-5分）：

1= 一点也不
2= 较小程度
3= 中等程度
4= 较大程度
5= 极大程度

1. 我焦虑。
2. 我抑郁。
3. 我内心充满了不健康的愤怒。
4. 我不信任别人。
5. 我不喜欢我自己。
6. 我的世界观是消极的。
7. 我不认为我能克服受伤的内心世界。

如果你给上面任何一项打4或5分,那么你就需要通过原谅来治愈你的内心世界了。如你所见,得分越高,你的创伤就越普遍。该量表的范围从最低分7分到最高分35分。在焦虑、抑郁、不健康的愤怒和自尊方面的最高分都是5分。我认为,如果你的这些症状持续时间长,并对日常生活造成了干扰,那么你就应该考虑寻求专业的帮助。

把这些分数保留到以后;我们将在第八章中再次见到它们。

我们该从哪里开始？谁需要被原谅？

在接下来的章节中，你需要开始试着原谅一个曾经伤害过你的人，他在你的心中留下了如此多的创伤，足以让你认识到原谅的重要性。从你在本章列出的清单中，选择一个伤害过你，但不是最深的人。毕竟，从一个伤害你最深的人开始练习，可能太难了。为了确保这是一个有意义的练习，请回顾一下你在本章练习1中列出的名单，并选择一个当你想到他时，情感痛苦程度排名比较靠前的人。记住，如果你在做第四项练习时感到不知所措，那么现在就把书放下，休息一下，和朋友聊聊天，放松放松，花时间恢复一下精神。如果你自己无法继续下去，请记住，我和其他人会等着你，并回答你的问题。如果你有这样的反应，认为自己需要和咨询师或治疗师谈谈这个人或其他人给你带来的内心创伤，我支持你这样做。有时，内心的创伤需要专业的护理，我鼓励你认识到这一点，并寻求适当的帮助。知道自己需要帮助，是一件只有勇气、没有耻辱的事情。

那么，这个练习的对象是谁呢？请说出他的名字，并在脑海中记住这个名字。先从列表中选择这个人，直到你准备好面对伤害你最深的人。对于最难原谅的那个人，我建议你先阅读一下后面"当难以原谅的时候"的章节，试着通过学习后面的内容来原谅他，所有这些工作都将帮助你完成对他的原谅。

最后一点，在下一章中，我们将不再讨论不公正的七个后果和内心混乱的根源。在宽恕疗法中，治疗师不会关注情绪的混乱（除非需要立即处理，例如需要药物治疗）。相反，治疗师会要求这个人超越他自己去接触另一个人，去接触那个不公正的人。在这种仁慈的接触中，基于我们的科学研究，你将开始体验情感的愈合。

现在让我们开始培养原谅的思维吧。

Chapter
04

培养原谅的思维

世界就是这样一个容易受伤的地方，社会要求每个人生活在群体中，就好像他未曾受伤一样。然而，原谅的思维会这样要求我们：超越当下的流行、超越勉强的微笑，去面对你那颗现在可能正在流血的心。

现在是时候通过锻炼你的大脑来做好原谅的准备了。既然你已经确定了痛苦和内心混乱的根源，那么下一步就是准备好去原谅了，这是你使用第四把钥匙打开原谅之门的地方。然而，这里不是健身房，这是你生活的场所。在这里，你将训练自己以一种新的方式来看待伤害你的人，你将审视那个人生活中的一些细枝末节，这样你就能更清楚地看到他有着怎样的创伤。这种思维的改变对学习如何原谅有很大帮助。

当你训练你的大脑去原谅时，你可能会有兴趣知道，意大利的一群神经科学家实际上已经开始研究当处于这种原谅思维时大脑的反应区域了。2013年，比萨大学的埃米利亚诺·里查尔迪（Emiliano Ricciardi）博士和他的同事在《人类神经科学前沿》（*Frontiers in Human Neuro Science*）杂志上发表了一项研究。他们发现，当人们成功地想象在一个假设的故事中原谅了某人时（这个故事是为实验编造的，参与者实际上并没有经历过），这些参与者的大脑"楔前叶、右下顶叶区和背外侧前额叶皮层"的活动会增加。[1] 在其他研究中，当一个人对他人表现出同理心时，这个大脑网络也会被激活。在好好锻炼这部分大脑之前，让我们先从一个案例研究开始。

为对抗伤害你的人所做的热身：一个案例研究

哈罗德和他的妹妹纳丁在一个双亲家庭长大。他们的父亲是一名公设辩护律师，为那些负担不起律师费的人进行长时间艰苦的辩护。但父亲的客户往往并不欣赏他的努力，如果法院的判决不符合客户的意愿，父亲就会招来埋怨，这让他一再感到沮丧和痛苦。

哈罗德的母亲自己也有一个非常专横的母亲——焦虑且控制欲很强。从心理意义上说，哈罗德的母亲继承了这种焦虑模式，但并没有继承她妈妈借由严格控制每一件事以将焦虑最小化的特征。哈罗德又"继承"了他母亲的这种焦虑。

哈罗德小时候就经常焦虑，他在学校的学习成绩很差。他安静、害羞，因此成了那些欺凌者的目标。童年时，哈罗德就

---

[1] 里查尔迪，E.，罗塔，G.，萨尼，L.，金泰利，C.，盖里纳斯，A.，圭在利，M.，& 彼得里尼，P. (2013). 大脑如何治愈情感创伤：原谅的功能. 人类神经科学前沿，7，文章 839，1–9（引文摘自第一页）.doi:10.3389/fnhum.2013.00839.

开始自卑。在青春期和成年初期，他由于太害羞了，以至于无法正常约会。成年后，他必须学习那些其他人早已获得的技能。这种延迟的发展增加了他的低自我价值感。他与焦虑的斗争开始让他愤怒，但他从来没有把自己的焦虑同父亲对工作的失望和母亲巨大的焦虑联系起来。

在经历了一系列与女性的失败的经验后，哈罗德的怨恨达到了顶峰。他开始把约会当作满足自己生理需求的一种方式。他不尊重女性，就像早年在学校里同学们不尊重他一样。最终，他找到了一个叫帕特丽夏的女人结婚，并和她生了一个儿子，叫伊桑。然而，这段婚姻并没有成功。哈罗德继续表现出许多以自我为中心的行为，最终导致了一段婚外情。这段婚姻变质了，以离婚告终。他们离婚时，儿子伊桑才九岁。

伊桑成年后，他也表现出了广泛性焦虑的迹象，并开始寻求心理治疗师的帮助来克服这个问题。他因父亲离家出走而大发雷霆。伊桑看到了父亲的缺陷，当心理治疗师建议他更深入地探究父亲的性格时，伊桑的愤怒加剧了。他在为自己的愤怒寻找支持，同时要证实他父亲是一个不公正的人。

随后，治疗师有了一个意想不到的想法：伊桑应该开始从一个更宽广的角度来看待他的父亲。于是，伊桑和他的姑姑纳丁开始从一个不同的角度看待哈罗德，其结果令他们感到惊讶。伊桑逐渐意识到哈罗德因自己父亲工作的痛苦和母亲的巨大焦虑而深受伤害，并理解了父亲童年的挣扎和自我怀疑。他看到了一种带着焦虑情绪的模式似乎在代代相传，他、祖母和父亲都在重复着类似的模式。当伊桑看到他父亲的所有挣扎时，他原谅了父亲的离婚举动，以及父亲缺席自己成长过程的结果。他现在不再认为自己看到的是一个邪恶的人了。是的，他看到的是一个做了一些非常糟糕选择的人，但这些糟糕的选择并没有使哈罗德变成一个失去人性的人。他的父亲哈罗德，虽然经历了伤害和困惑，但无论过去还是现在都始终是一个人，就像伊桑一样。这些认知帮助伊桑减少了怨恨，心理变得更健康，他继续着他的生活。这些深刻的见解与原谅相结合，帮助伊桑治愈了他的情感。

培养原谅思维的准备步骤

在进入本章之前，你需要完成第二章中的任务，它可以帮助你准备好开始去原谅。如果你对这种转变还没有信心，那就多花点时间继续做一做第二章中的练习，直到你能够以爱的视角来看待世界。

回想一下你在上一章中选择的那个人。第一步，我们要通过一系列的练习来了解那个伤害过你的人，这些练习会集中在他的童年，慢慢地观察他的一生，这样你就可以在一系列的帮助下对这个人有越来越多的了解。你可能并不知道所有这些问题的确切答案，只要利用你所掌握的信息，尽你所能做到最好就行。

在练习中，有时你会被要求回顾这个人遥远的过去，把这个人看成一个小孩子，这不是要求你去编造当时发生的事，而是需要你用你具备的知识去思考伤害你的人那时是什么样子。后面，你还会被要求展望未来，为伤害你的人想象一个可能的场景。同样地，再次强调，这一步并不是编造故事，而是思考一些可能发生的结果——如果他继续走当前的路，可能会发生些什么。

练习1：把这个人想象成一个婴儿

想象一下，伤害你的人是一个新生儿。这是一个面临很多挑战的天真的孩子，他甚至不能自己翻身。（注意：如果伤害你的人是/曾经是女性，那么在这个步骤中则用女性代词代替男性代词。）他不能养活自己，也不能满足自己的任何需求。

这个人出生在什么样的家庭或环境里？这个家庭有爱吗？你怎么知道的，你的证据是什么？难道这个无助的婴儿不值得很多的爱和关怀吗？如果他没有得到足够的关注，那么这种缺失会如何影响他对母亲的依恋？几十年来的研究表明，如果婴儿没有从主要照顾者那里得到关注和爱，那么最重要的依恋关系就会受到损害。从心理意义上说，婴儿期的依恋是成为一个完整健康的人的重要因素。如果因为照顾者不能很好地照顾婴儿的需求而导致依恋的弱化，那么孩子在长大成人后，其安全感和信任感就可能会受到损害，正如我们所看到的，缺乏信任是痛苦的，它会阻止这个人去接近其他人。当这个小婴儿成熟时，缺乏依恋会给他设定一种孤独和冲突的轨迹。

你对他婴儿时期的依恋了解多少？你能通过问谁来了解这些问题？那个人有没有告诉你他是如何长大的，他的父母是否有时间陪伴他、养育他，并心甘情愿地这么做？如果不是，那么这个无辜的婴儿从出生起就经历了一种心理创伤。这并不是说你现在应该为这个人对你的不公找借口，只不过，这确实是这个人的故事的一部分，你应该注意到它。

练习2：想象这个婴儿的内在价值

把伤害你的人想象成一个婴儿。（注意：如果伤害你的人是/曾经是男性，在这一步骤要用男性代词。）看着她躺在婴儿床里，拥有着世界上所有的可能性。她要求很少，只要求爱和一些基本需求。基于这一点，她在她短暂的生命中从未伤害过任何人。因为她现在与这个世界上所有的人拥有共同的人性，我们可以说她拥有内在的价值。我的意思是，她的价值是内在的，不需要赚取。她不必成为一个完美的孩子才能拥有内在的价值，她的身体不必很完美才能拥有内在的价值。她的睡眠和饮食习惯与她的独一无二和不可替代性没有任何关系。内在价值包括这些属性：独一无二和不可替代。

再次想象一下，这个婴儿躺在婴儿床上，你低头看着她说："这个小婴儿有内在的价值。"

练习3：把这个人想象成一个小孩子

你对他的童年了解多少？（注意：如果伤害你的人是/曾经是女性，在这个步骤中要用女性代词代替。）试着问问别人，甚至去问问他本人。这个核心的问题是：他小时候受过些什么伤？把这些伤口记录下来，并把它们放到前面的想象中来看——我们在婴儿床上看到一个无辜的婴儿，他不应该受到这些伤害。

现在看看这个孩子迈出了他的第一步。我们看到了犹豫、恐惧，以及迈出这一步的勇气。学会走路是人类精神的普遍胜利，那个伤害你的人同样表现出了勇气和成长的需要。

现在看看他第一次对其他孩子感到失望的情形，他失望的对象也许是他自己的兄弟姐妹。在那些由兄弟姐妹带来的挫折中，其他的孩子可能是自私的、不耐烦的，甚至对他施加了身体虐待。是的，孩子们很快就会克服这些事情，但如果伤害经常发生，伤口可能会深埋在心里。你是否有任何证据表明这个孩子受到过其他想要占据操控地位的孩子的不公正对待？

你知道他小时候他的父母是怎么对待他的吗？是否有什么不易察觉的轻视或批评进入了他的内心，并以这样的方式伤害了他，以至于创伤一直延续到他成年，并转移到了你身上？你知道他父母有过什么严厉的行为吗？这个孩子是否遭遇到遗弃？如果是，那可能是对人类心灵最残酷的伤害之一，是非常不公平的，而且会造成数十年的痛苦。

他的学校经历又如何呢？你认为他曾经被欺凌过吗？欺凌可能会给人留下持久的创伤。欺凌是一系列旨在贬低受害者的持续性行为，这可能会损害受害者的自尊。他被贬低了吗？想想看，这个从未伤害过任何人的无辜婴儿，现在却在学校里被如此对待，就好像他没有内在的价值一样。这并不是为了让你原谅此人对你的行为。他们过去错了，现在也错了。这样做的重点是为了帮助你扩展你对这个人的看法。

练习4：把这个人想象成一个青少年

在这个练习中，试着收集关于她青春期的信息。（注意：如果伤害你的人是/曾经是男性，在这一步骤要用男性代词代替。）青春期的一个关键特征是建立个人身份认同——这个人是谁，看重什么以及为什么。所以这里的一个关键问题是：是否有人伤害了这个年轻人，使她对自己的身份感到混乱？如果是这样，她的身份是如何被混淆的？她是否开始产生自我怀疑，在多大程度上怀疑？

青春期的另一个重要特征是与同龄人建立牢固的关系，并开始进入约会的世界。她和同龄人之间的矛盾可能会伤害到她吗？如果是这样，试着在这里具体说明，她会用什么故事来告诉自己她存在的价值呢？

对于那些在高中时期常常随心所欲的人来说，他们有可能发展成自恋者，或者过分夸大自己的重要性。我们都很重要，因为我们都有内在的价值。然而，有些人会认为自己比别人更特别。正是由于这一点，自恋可能会悄悄渗透到一个人的个性中。当这种情况发生时，对方可能会认为她的需求比你的更重要，结果可能是你们两个人都很痛苦。

一些青少年走向了自恋的相反方向，因为他们遭受了情感创伤，并得出结论——自己不如其他人有价值。低自尊会导致一些青少年在表达他们的挫折感时产生过度的愤怒。你可能是这种低自尊的受害者，并承受了伤害你的人由此产生的愤怒。

那么，就这个人所遭受的情感创伤而言，她的青春期是什么样的呢？

练习5：把这个人想象成一个年轻人

成年初期的一个关键是开始与他人建立一种有意义的伴侣关系。你可以想象，当一个人将婴儿期、童年期和青少年期的创伤引入这种新的伴侣关系中，就很有可能会发生冲突。冲突的一部分原因是，毫无防备的伴侣现在将在心理意义上继承这些创伤。事实上，两人最终可能会因为他们各自过去的经历而互相伤害。

与我交谈过的许多人都没有意识到这一点，他们没有意识到，过去的伤害经常会被带入一段新的伴侣关系，现在两个人不仅要适应彼此，而且要适应住在对方心里的人，因为内心的怨恨一直延续到现在。

你的伴侣可能不是我们现在描述的那个人。不管怎样，想想他是如何成功或失败地建立了这重要的成人早期阶段的伴侣关系的。他的伴侣对他造成了什么伤害，他又对别人造成了什么伤害？很可能因为他伤害了别人而反过来受到了更多的创伤。

你能看出这个人身上累积的创伤是如何使他变得虚弱的吗？当你想到他的时候，你能看到一个脆弱的人吗？你能看到一个困惑的人吗？或许你还看到了一个令人害怕的人。创伤可以做到这一点——吓唬人——他会表现得仿佛要誓死捍卫自己的地盘。这可能会导致他向你说出愤怒和刻薄的话（如果你是那些话的接受者）。

再次强调，这并不是否认你所经历的不公，无论过去还是现在，这都是不公正的。与此同时，很重要的一点是，作为一个人，作为一个需要治愈的人，你要开始锻炼大脑中的同理区域了。

练习6：把这个人想象成一个中年人

成年中期的一个关键特征是在工作中做出贡献，并为下一代提供供养，可以是抚养自己的孩子，也可以是通过服务或教学来帮助别人的孩子。

你可能会看到一个人在他人生的这个阶段陷入困境，无法为他人的福祉做出贡献，也许是因为这个人被自己的内心创伤分散了注意力，以至于她没有精力和注意力来完成工作。比如，当你与病毒作斗争时，你很难集中精力做其他事情。这与情感创伤类似，我们可以把它们想象成是一种让人倒下的病毒。

这可能会发生在伤害你的人身上吗？这时你可能会说："但是伤害我的那个人还没到中年呢。"如果是这样的话，那么想象一下，当她人到中年内心仍然充满创伤的时候，她会是什么样子？想想看，她可能会采取一种什么样的模式与其他的中年人互动呢？那时候，她作为一个人会是什么样的呢？

你能看到等待着她的挣扎吗？如果她的创伤得不到治疗，你能想象她的情绪会有螺旋式下降的可能性吗？如果能够这样想的话，那么你刚刚已经给你大脑中的同理区域一个很好的锻炼了。现在的问题是：你能为伤害你的人做些什么？你要如何帮助她，让她以一种比你刚才创造的场景更好的方式进入中年？你有没有意识到，如果她允许你靠近，并且她对你没有危险，那么你就有机会帮助她度过成年生活中的重要阶段。

练习7：把这个人想象成一个老年人

心理学家埃里克·埃里克森（Erik Erikson）在他的著作《童年与社会》（*Childhood and Society*）中，通过观察人们随着时间的推移而发生的变化指出，老年人最重要的特征之一就是追求完善的自我。在这种情况下，完善的自我意味着心理意义上的完整状态。到了晚年，完善的自我会与失望和难以改变的遗憾发生冲突。但是请注意，完善的自我代表着没有遗憾。

伤害你的那个人可能还没老,所以你可能需要做另一个想象的练习,但这没关系。试着去看看那个伤害你的人,因为他正在走向生命的尽头。如果他不寻求原谅,他的生活会是什么样子?试着站在他的立场上想想,如果他让内心的创伤控制了自己,并把自己的痛苦强加给其他人,包括你,你能体会到他所背负的重担吗?试着看到他内心的痛苦,那是他的一部分,并认识到他现在几乎无法扭转他给你也许还有很多人带来的痛苦。你能感受到他的悲伤和痛苦吗?花点时间想象一下他在这个时候的样子,看看你对他的态度是否有所软化,哪怕只是一点点。

当你准备好了,你能做些什么来帮助他减轻晚年的痛苦呢?你能让他知道他有内在的价值吗?你觉得他意识到自己的内在价值了吗?如果他看不出来,你现在能做他的老师吗?这将是一份很棒的礼物。

提醒 26

一个人现在的生活方式将对他以后生活的幸福感产生影响。一个现在伤害别人的人,在年老的时候可能会受到伤害他人所带来的影响。

对于"想象这个人的一生"进行的提问

现在你已经对你将要原谅的这个人的生活有了一个全面的了解，接下来考虑以下这两个问题，这是人们一旦开始原谅就会问到的问题。

问题 1

在尝试用新的视角看待这个人后，我不禁觉得我在为他的伤害行为找借口。如何做才不是替他找借口呢？对一个受到如此严重伤害的人生气，有时我会感到内疚。

这里的核心问题是，这个人拥有如何处理所有创伤的自由意志。没有任何心理学理论或发现表明，当一个人在情感上受到伤害时，他就必须毫无例外地做某些特定的事情，比如侮辱你、打你，或者是别人。在如何处理自己的创伤方面，我们都有很多选择。我们必须记住，当有其他选择时，这个人还是选择了以这些特定的方式行事，因此，他必须承认做错了的事实，他确实做了不公平的行为。

问题 2

这个问题的答案有点哲学性，如果机械唯物主义的思想不适用于你，那么你可以随意跳过它。然而，如果它确实适用于你，那么你可能会受到这些想法的挑战。下面是陈述和问题：

> 我不认为存在自由意志，因为最近的研究表明，大脑中的化学失衡会使某些行为比其他行为更容易发生。你同意

吗？例如，如果一个人的血清素较低，那么这种化学失衡会导致抑郁症状，使这个人出现无精打采的典型行为，以及悲伤甚至绝望的感觉。这怎么能给自由意志留下任何空间呢？

这两个关于抑郁症的行为和感受的例子不同于直接影响他人行使权利的不道德行为。无精打采、感到悲伤甚至绝望并不意味着这个人必须以不尊重他人的方式行事。是的，如果伤害行为发生在一个患有抑郁症的人身上，我们可能会更好理解，但我们不会抛弃正义的主题，仅仅因为这个人血清素低而使其免受指控。

假设所有的行为都只能用大脑神经递质等物质原因来解释的话，那么我们必须认识到这个假设的后果。其核心后果将是任何道德概念均无效，如"对与错""正义"和"宽恕"，因为这些概念表明，一个人对涉及他人的事情做出了自己主观的决定。我们怎么能只因为大脑功能异常就原谅一个"无法控制"自己行为的人呢？简单的回答是，在这种情况下，我们甚至不会考虑原谅这个事，因为原谅就是以这样或那样的形式对自己说："他做了错事，在那个错事中他伤害了我。我现在会努力向这个行为恶劣的人表达我的爱。"以这种机械唯物主义的观点来看待人的行为，必然会得出两个结论：（1）他的行为完全与道德（有意的、目标导向、自由意志）无关（因为他没有自由意志）；（2）被他伤害的人不能爱他、不能为他个人的利益服务，是因为爱本身是一种道德美德，这在机械唯物主义的观点中是不存在的。机械唯物主义认为，受伤害的人不是通过自由意志去选择爱的，因为这是由大脑机制负责的。因此，道德语言将毫无意义。

权力对这个人的影响

本节中的练习要探讨权力的世界观（此处指的是对他人的负面权力）如何影响并正在影响伤害你的人。首先，回顾一下这两种对立的世界观：权力和爱。

以下是十组区分权力和爱的表述，它们可能有助于你进行原谅。

权力说："我先来。"
爱问："今天我能为您做些什么？"

权力操纵人。
爱使人向上。

权力让人筋疲力尽。
爱让人精神抖擞。

权力很少让人体会到真正的快乐。
爱理解什么是快乐。

在崇尚金钱的文化中，权力得到了高度奖赏。
爱把金钱当作达到目的的手段，而不是目的本身。

权力踩在他人身上。
爱是改善他人的桥梁。

权力会伤害人——即使是拥有权力的人（也会受到伤害）。
爱能包扎伤口，甚至是自己的伤口。

即使可以掌控一切，权力仍不会令人感到欢喜。
爱中充满喜乐。

权力无法理解爱。
爱可以理解权力，且不为所动。

权力视原谅为软弱，因此拒绝原谅，怨恨会继续存在。
爱视原谅为一种力量，因此它能消除怨恨。

权力很少能持续下去，因为它最终会转向内部，耗尽自己。看看美国的奴隶制，或者被认为是无所不能的纳粹的"千年帝国"，甚至柏林墙的存在，它们意图禁锢思想、自由和人……直到永远。然而，即使面对与之对抗的强大力量，爱仍能永存。

练习8：在受伤的时候，更清晰地洞察人心

你现在要用更清晰的视野去关注伤害你的人的"权力故事"。我的意思是说，你将有机会看到这个人与世界的互动方式是如何被残酷的权力所塑造的。你可以使用上面列出来的10组对比表述来构思对方的权力故事。

让我们更具体地使用第二章中的练习来进一步培养你的原谅思维。把注意力集中在那个于特定的时间伤害你的人身上，他（或她）深深地伤害了你。即使他对你的伤害是持续性的，也要尽量选择让你受伤最深的那一刻。现在让我们看看在你受伤的时候，另一股胁迫他的力量是如何使他脆弱的。

- **首先考虑的因素。**在受伤的时候，是不是有人对伤害你的人进行了"我优先"的权力控制？如果是这样，你认为这将如何影响他的内心？这个问题不是为了原谅伤害你的人的行为，而是为了让你明白他的内心。
- **第二个考虑的因素。**你知道当伤害你的人对你施加权力的时候，有人在操纵他吗？爱丽丝在一家小公司工作，一个月内有五个人被解雇了。她的雇主威胁爱丽丝，如果不立即在工作中承担更多的工作，她就会被解雇。爱丽丝增加了每周的工作时间，变得疲惫，然后变得非常愤怒，并把这种愤怒发泄在她最好的朋友身上，她的朋友不知道为什么自己突然受到不尊重的对待。由于爱丽丝成了老板权力游戏的受害者，她的朋友也成了爱丽丝被误导的愤怒的接受者。从短期来看，爱丽丝承受不了雇主所增加的工作时间。

你能发现伤害你的人经历的类似事件吗？他是他人不公正操纵的受害者吗？把这一部分添加到你构思的关于伤害者的故事中。

- **第三个考虑的因素**。在攻击你的时候，伤害你的人是否因为某些原因而精疲力竭？如果是的话，是什么或者是谁让他精疲力竭？不要容忍发生在你身上的事，精疲力竭不能作为冷酷的借口。与此同时，你是否看到了一个脆弱的人在你面前？

- **第四个考虑的因素**。事件发生时，是什么让伤害你的人不快乐？是她内心的某些因素吗？可能是她童年的创伤吗？你看到不幸的力量了吗？这种力量会传递，让别人也不快乐，包括你。这个伤害你的不幸的人是谁？

- **第五个考虑的因素**。金钱在这次伤害事件中起了什么作用？这个人是否为此过度工作，或者承受着压力，或者因为一些经济问题责怪你？你所看到的是一个搞不清优先次序的人。他可能会优先考虑钱而不是你。金钱没有生命，而你是一个人。给你的故事加上这句话：伤害你的人没有以更清晰的眼光看问题，在被短视的世界观所操纵时，他伤害了你。

- **第六个考虑的因素**。当我们被踩到的时候，脚会很疼。想想其他人的内心，想想他的内心曾经有过相似的感觉，这使他对另一个人也施加了这种痛苦。

- **第七个考虑的因素。**你能看到他内心的不安甚至混乱吗？他受了伤，也许伤得很重。

- **第八个考虑的因素。**他的内心有快乐吗？你受伤的时候，他有一点快乐吗？这能让你了解他的什么方面？你更清晰的视野帮助你看到了什么？

- **第九个考虑的因素。**因为权力不懂爱，伤害你的人可能没有看到你内心的创伤，它需要支持、滋养和爱。他没有看到你内心已经承受的伤害，反而在你的心上再加一个伤口。他把更多的痛苦传递到你的内心。你看到的是一个什么样的人呢？继续创造这个故事。

- **第十个考虑的因素。**总有一天，伤害你的人会死去，他的权力也将消失。我们现在必须确保这种权力的影响不会在世界上持续下去，就像病毒一样，从你身上传染给另一个人。你能看到吗？由此产生的怨恨和破坏性的权力现在可以停止了。伤害你的人本来有机会阻止痛苦的传递，但他没有做好。通过这次已经失去的机会，你怎么看待他？为了你自己，你现在怎么看待这个机会？

提醒 27

在你受伤时，伤害你的人可能带有严重的创伤。它们现在成了你的创伤。你会怎么处理它们呢？

关于练习 8 的提问

问题 3

我做了你建议的练习，我看到了这个人所承受的压力。不过，这并不能平息我的愤怒。是的，我看到一个受伤甚至虚弱的人，但我仍然想因他对我做的事揍他一拳。你能给我什么建议，让我不带着这种怨恨生活吗？

做这些练习并不是一种自动摆脱怨恨的方法。怨恨需要时间才能结束。我的建议是，在接下来的两周内，每天至少两次，回顾一下这个练习中的任务，试着在受伤时更清楚地看到伤害你的这个人，并对自己说："我原谅（姓名）在他承受压力时伤害了我。即使我没有得到公正或仁慈，我也会尽量保持仁慈。"

问题 4

我很难看到伤害我的人的创伤，他对我的伤害比他自己携带的创伤多一百倍。当我试着观察他的创伤时，我感到沮丧和悲伤，因为这既浪费时间又会制造伤害，我能克服这个问题吗？

是的，你会用坚定的意志克服它。有时候，我们不得不为治愈而奋斗，用极大的耐心去忍受，永不放弃。不要期望太多太快。原谅之旅就是这样，有时是一段充满挑战的旅程。然而，通过练习，你的愤怒会一点点减少……然后再努力一点，直到你看到进展。尽你所能，保持与他人的联结。你对他人的仁慈，最终也会回馈到你自己身上。

问题 5

四年前，我丈夫抛弃了我——他说他需要"自由"，然后起身离开了。他有严重的酗酒问题，我们在一起的时候，他完全否认这一点，并拒绝帮助。他从一开始就没有真正融入婚姻，只是凭感觉来来去去，一次离开家好几天。他不会回来了，我知道这一点，我的朋友知道这一点，我的咨询师也知道这一点。然而，当我用前面叙述的 10 个问题思考他是否也曾受到伤害时，我发现自己变得如此温柔，并希望他能够回来，甚至，我对为没有寻求与他和解而感到内疚。我该怎么办？

重要的是，你的身心都要保持坚强。你对他的温柔是同情还是愿意"和他一起受苦"？区分对你丈夫的同情心与把他作为你的丈夫同他和解是很重要的。他从一开始就没有对你们的婚姻做出承诺，他抛弃了你，而且他有潜在的、严重的酗酒问题。他似乎没有能力担当丈夫的角色，不仅对你如此，对其他人也是如此。他似乎不愿意为他的严重问题寻求帮助，至少在他离开你之前是这样的。除非他寻求帮助，并在很大程度上做出改变，否则建立以下认知对你来说更好："我尊重他是一个人，但我不能成为他的妻子，因为他不能为我成为一个真正的丈夫。"

关于你的内疚感，运用原谅思维，你会意识到，你并没有抛弃他，是他抛弃了你，你没有做错什么。当然，你可能在这段关系中不完美，但所有人在所有关系中都不完美。不完美不是被遗弃了四年的正当理由。你的原谅思维需要明白这一点，并在你内心深处深深相信它。你已经忍受得够多了，现在是时候看清你自己了：你是一个值得尊重的人，一个在可怕的情况下依然尊重丈夫，并持续对他怀有一颗柔软和宽恕的心的人。

练习9：使用全局观来看待这个人

即使你对这个人的生活细节没有太多了解，你也可以在这个练习中思考问题，因为这个练习不要求你提供任何细节，它只会问你和这个人有什么共同点：

- 你的生活需要营养和住所吗？伤害你的人也一样。
- 你需要呼吸清新的空气来保持健康吗？伤害你的人也一样。
- 你体内的循环系统是如何工作的？你有心脏、静脉和动脉吗？这个人也一样。他和你有一样的循环系统。
- 你需要别人的帮助来保持健康的身体吗？也就是说，你有时需要医疗护理吗？伤害你的人也一样。当他的手臂上有伤口时，他就会流血。如果他的阑尾破裂，他就需要立即就医。他的骨头很脆弱，就像你的一样；它们可能会破裂，需要修复。

- 你的头脑能让你思考重要的问题吗？你的大脑结构与斑马、大象或猴子的是相同的，还是不同的？伤害你的人有能力理性思考，就像你一样。比起斑马的大脑，你和他的大脑有更多的共同点。
- 你有时会感到口渴或疲倦吗？伤害你的人也一样。
- 你在这个世界上受苦了吗？伤害你的人也一样。
- 你的身体是否受到自然规律的约束，即随着年龄的增长，你一开始获得了体力，然后又经历了体力的缓慢下降？伤害你的人也遵循着同样的自然规律。
- 你会有死去的一天吗？伤害你的人也一样脆弱，他总有一天也会死的。

看看你对所有这些问题的答案。你有没有意识到你们俩之间的共同点比分歧要多？你们俩最相似的地方是什么？你们所共同享有的是与生俱来的人类特质：你们都是特别的、独一无二的、不可替代的。

提醒 28

你和伤害你的人有着人类共通的特质。

练习10：使用永恒的视角来看待这个人

1938年，美国剧作家桑顿·怀尔德(Thornton Wilder)创作了20世纪经典戏剧《我们的小镇》(*Our Town*)。这出戏剧的重点是通过频繁地提到数千英里外或数百万年前的故事来展示生命的浩瀚。然而，尽管生命如此浩瀚，人类的意义却更广泛地存在于你与同时代的人们之间那些卑微的、看似不重要的、很快就会被遗忘的短暂互动中。

该剧有三幕戏。在第一幕中，我们可以看到新罕布什尔一个不起眼的小镇格鲁夫斯角的人们之间看似微不足道的互动。第二幕由婚礼组成，在婚礼中，我们看到无条件的爱是如何接受考验的，当一对年轻男女在一起的时候，他们不得不离开深爱他们的父母。在第三幕中，我们看到了由于死亡而引发的分离。在这部剧中，我们看到死去的人聚在一起对话，有些已经死去的人开始意识到，第一幕中那些看似微不足道的互动是极其宝贵的，那些现在活着但终将死亡的人，需要了解、承认和充分地认识到它的重要性。

当我们把这三幕放在一起观看时，一个深刻的主题就展现出来了：尽管生命短暂，我们终将死去，但在走向死亡的过程中，我们与其他人分享了一些永恒的东西，这种东西永远不会结束。

怀尔德先生用寥寥数语，生动地表达了我们共同人性的永恒本质，包括所有的苦难和为了爱的努力。在一个场景中，他让我们看到了人们在死亡和分离时承受的巨大痛苦，剧中的说书人（一个对时间和人性有着广阔视野的人）说道："悲伤的人们带着他们的亲人来到山上，我们都知道这是怎么回事……当我们的健康不在时，我们自己也会来到这里"（第81页）。我们在死亡时与他人分离，日后也将同样面对死亡。

然而，在这部戏剧中，死亡并不是最终答案。人性浩瀚的本质还涵盖了更多的东西。剧中的说书人再次这样教导我们："每个人都深知，有些东西是永恒的，它与人性有关。五千年来，所有伟大的人都这么告诉我们……每个人内心深处都有一些永恒的东西。"

每个人……你会与伤害你的人分享永恒的东西吗？你们在这个世界上存在的时间都很短暂，你们在这里都承受了痛苦，你们都将面对死亡，你们有很多共同之处，因为你们同时生活在这个地球上。然而，你能分享一些永恒的东西吗？正如剧中的说书人所说，几千年来，深刻的思想家早已建立起永恒的概念。如果你和伤害你人的共享永恒，那么关于他，你能从这个观点中获得什么？用这种观点帮助你强化原谅的思维。

使用永恒的视角会有什么结果呢?剧中的说书人带给我们关于原谅和寻求权力的妙语:"仇敌怨恨仇敌……守财奴爱财,所有看起来重要的东西在死亡面前都变得如此苍白。"(在死后的墓地,第82页。)将永恒与发生在你身上的不公正事件相提并论,并不是要削弱你所经历的不公。发生在你身上的事确实是不公正的,但过了100亿年,又过了100亿年,甚至更久,它的重要性还会有多大呢?这个人还会像说书人说的那样,是"仇敌"吗?

练习11:那么,这个人是谁呢?

是时候把整个故事串连成一个整体了。把这个伤害你的人的故事从头到尾地讲出来,首先从他身体上的弱点开始,接着是他心理上的痛苦,最后是你们共同拥有的人性。他是一个脆弱的人,不是超人或女超人。

现在来谈谈伤害的主题。伤害你的人是什么时候受的伤?他的第一个创伤是什么时候留下的?——那个创伤很深,以致留下的印记使他伤到了你。现在就完成这个关于他的创伤的故事。他的童年后期、青春期甚至以后,都有过哪些创伤,把他塑造成了现在的样子?如果他不去面对这些创伤,他会变成什么样?现在把重点放在别人强加给他的权力上。当你受伤的时候,他已经带着伤了。这个伤害你的人身上的伤有多严重?

现在来关注他的内在价值。尽管他身上发生了这些事情,尽管他给别人造成了这么多的伤害,但他的内在价值是无法被夺走的,不会因你的失望、愤怒和怨恨,甚至他自己的行为而有所减损。他仍然是一个人。当你从全局和永恒的角度来看待他时,你就能看到这一点。他是一个特别的、独一无二的、不可替代的人,尽管他给你和其他人造成了无数的创伤,但他与生俱来的价值超越了这些创伤。你可能需要付出很大努力才能培养起这一观点,但努力发展原谅的思维是值得的。

当你这样看着他或者她时,伤害你的人是谁?是谁伤害了你?

提醒 29

伤害你的人的那些与生俱来的价值,远胜于强加在你身上的伤。

练习12：更清楚地看到自己是谁

现在是时候锻炼你看待自己的思维了。

当别人伤害我们时，这种伤害往往会扭曲我们对自己的认识，导致我们形成一种消极的观念。

现在是时候向自己讲述你自己的故事了。

当你开始用原谅思维看待别人时，你是谁？看看你已经走出多远了。你们中的一些人，在打开这本书之前，可能会看轻伤害你的人与生俱来的价值。权力就能做到这一点，它使人们贬低他人。你现在的视角是怎样的？你是否把这个人提升到了人类应有的位置，认为他值得享有基本的人权？看看你是否已经摆脱了权力的世界观，取而代之使用爱的世界观。你看到的是一个完整的人，尽管他伤害了你。你可以看到他的不幸、缺乏快乐、困惑……和痛苦。

现在你的眼睛能看见那些使你受苦之人的痛苦了。

提醒 30

当你把伤害你的人看成一个受伤的人、看成一个需要治愈的人，你会变得更坚强。

请保持你对自己更清晰的认识。你知道你已经走了多远了吗——虽然这只是第四章。你作为一个人正在成长，并已经在很大程度上扩展了视野，开阔的视野可能会让你的内心更加完整。

关于练习 12 的提问

问题 6

这个练习是在要求我改变我的身份——改变我存在的核心吗？我总觉得自己不是一个好人。

是的，这个练习要求你改变你的身份——这需要时间和精力。你必须开始意识到，说你"不是一个好人"是一个弥天大谎，你必须与这个谎言做斗争。你正在真诚地努力改变你对一个深深伤害你的人（或不止一个人）的看法。这需要很大的勇气、耐心和爱，即使你还没有看到这些品质在你身上显现出来。请不断努力去真正了解自己，这努力值得付出。

问题 7

我可以用你所谓的更清楚的洞察力去审视自己，但我心里对伤害我的人没有爱。事实上，我一想到他就觉得很厌恶，没有这种爱的感觉，我能做到原谅吗？

简单的回答是：是的，你可以在内心没有爱的情况下原谅这个人。然而，试着从另一个角度来看这个问题。你可能没有听说过"经典条件反射"这个术语。这是一个心理学概念,指的是两件事因为接近而被联系在一起。当你还是个孩子的时候,你被炉子上的火烧伤了,于是把"看到炉子上燃烧的火焰"和"手太靠近炉子时被烧伤"联系起来,从而建立了炉子上的火焰和疼痛的关联性。所以即使在你的小手愈合后,至少在一段时间里,只要看到炉子上的火焰,你还是会紧张,因为你对烧伤的疼痛记忆犹新。

对一个伤害过你的人也是如此:每当你想起这个人、看到这个人,或者和这个人交谈时,你就会把他和痛苦联系在一起。对这种痛苦的焦虑感会阻碍产生爱的想法或感觉,甚至是对他健康的关心。改变这种习得的反应需要时间,有时还需要很长时间。你可以学会将自己的同情与这个人联系起来。你只是需要时间来打破伤害你的人与你痛苦感觉之间的联系,代之以这个人与你对他的同情之间的联系。

练习13:通过不断探索自己,变得更强大

让我们做一个小实验,回到你第一次打开这本书的时候,阅读一下第一章"原谅为何重要以及它是什么"。

你当时是什么感觉?你是心存信心还是担心?你感到精力充沛还是疲惫不堪?你现在看到的自己和刚打开书时候的自己有什么不同吗?你觉得自己更强大、更积极、更自信了吗?

> 如果答案是肯定的,那么你正在通过培养原谅思维来获得原谅的能力。如果你仍然感觉虚弱,那么试着从今天开始放眼未来。
>
> 当你努力练习原谅,你就会变得更加强大。
>
> 要对自己温柔一点,我们都是每次成长一点点。

提醒 31

你正在努力做好原谅的准备,你只需要坚持下去,保持原谅的状态。

当你不断强化关于原谅的想法时,你会期待什么

首先,祝贺你鼓起勇气,对一个给你带来巨大痛苦的人献出我所谓的宽恕之心。这是一段艰难但值得的旅程。

正如我们在第一章中讨论的,这段旅程并不是一条可以快速抵达终点的快乐之路。相反,你和我们其他人一样,在安全到达终点之前,你会走走停停,开始、停止,再开始,反复很多次;你也许会在取得很大的进步之后梦到那个伤害你的人,并愤怒地醒来;你可能认为你已经征服了愤怒,但却意外地遇

到了伤害你的人,愤怒再度暗涌;又或者在假期中,你正在反思你的生活,希望拥有平静的心情,但却被这个人的卑鄙行为所打击,你又一次被激怒了。原谅的道路是曲折的,所以要温柔对待自己。现在再次以这个人作为你原谅的对象,检查你的创伤,评估你需要做哪些工作(我需要检查他的创伤吗,或者他的内在价值?需要以全局和永恒的角度来看吗?),然后继续。

有些时候,你会觉得自己停滞不前,可以休息一下。任何一个健身计划都需要充足的休息时间,不要急着去原谅,当你适度而有智慧地工作时,内心的疗愈自然会来到。

练习14:最后的思维练习

在离开这一章之前,请试着用最后的两个练习来继续强化你的思维,特别是关于你看待自己的思维。首先要抵制对自己不健康的负面评价。因为受到了伤害,所以你很容易陷入对自己的错误认知。其次是对你和伤害你的人给予正向的肯定。

每一天,要抵抗:
- 有人曾经对你不好,甚至现在还对你不好,你就认为自己毫无价值的巨大错误认知。

- 认为如果你用权力来支配那些支配你的人,你就会过得更好的诱惑。
- 认为自己已经心碎到没有能力去爱的错误认知。

每一天,请确认:
- 作为一个人,我的内在价值是与生俱来的,我不需要刻意去赢得。
- 伤害我的人也是有价值的,不管(名字)做了什么,他的内在价值也是与生俱来的,是不需要刻意去赢得的。
- 我是一个有爱的能力的人。我爱别人的能力永远不会被夺走。

在下一章中,我们将讨论另一个治愈你的方法:当你承受别人强加给你的创伤时,请努力寻找其中的意义,这将有助于治愈你的内心。

Chapter
05

从你的痛苦中寻找意义

看到别人的痛苦，
我变得更坚强。
因为我受过苦难，
所以更懂得去爱。

当我们遭受了很多苦难时，从遭遇中寻找到痛苦的意义是一件很重要的事。如果看不到其中的意义，一个人就会失去目标感，这不但会带来绝望，还会使人得出一个更加绝望的结论：生命本身就没有意义。

我曾经和一个质疑原谅和宽恕的人交谈，她对我说："这不就是在和我们自己玩游戏吗？我们编造了一个小小的虚幻故事，认为所有事情的发生都有原因，然后一切就都好了。"她的观点对我提出了挑战，直到我意识到她说的是要在不公正本身中找到积极的意义。我对她解释，我的意思是要试图**在不公正带来的结果中寻找意义，在不公正发生后你所遭受的痛苦中寻找意义。再次强调，不是寻找不公正本身的意义，而是在正在发生的痛苦中寻找意义**。我想问她，如果不公正继持续存在，并且是她目前生活中不可避免的一部分的话，从一个人治愈和成长的角度看，她从痛苦中学到了什么。

试着**从他人的恶行中寻找善**，与试着理解**痛苦如何以积极的方式改变自己**之间有很大的区别。在痛苦中寻找意义可以帮助你活得更好。

从痛苦中寻找意义的例子

下面，让我们看一个充满戏剧性的案例，是关于一个人在极度痛苦中寻找意义的案例。伊娃·摩西·科尔（Eva Moses Kor）是"二战"期间约瑟夫·门格勒（Josef Mengele）在奥斯威辛集中营进行邪恶实验的犹太双胞胎中的一个。在电影《宽恕门格勒医生》中，科尔女士讲述了她是如何生存下来的，并最终宽恕了这个被称为"死亡天使"的臭名昭著的医生。在描述小时候被监禁在奥斯威辛集中营时，她说："那是一个让我生不如死的地方。"在她被关进集中营后不久，年轻的伊娃被注射了一种致命的药物，它的药效非常强。门格勒在对她进行检查后说，她只剩下两周的生命了。"我拒绝死。"她回答说。

她的意思是，她在短期内遭受痛苦的第一个意义是为了证明门格勒是错的，因此她要尽一切可能活下去。她遭受痛苦的第二个意义是为了她的双胞胎妹妹米里亚姆能够活下去。她知道，如果自己死了，门格勒会立即用心脏注射的方式杀死米里亚姆，然后对两姐妹进行比较解剖。"我破坏了这个实验。"这是她轻描淡写的结论。她遭受痛苦的第三个意义是为了能与米里亚姆团聚——这个目标虽然需要的时间比较长，但还属于短期目标；而她设定的长期目标是宽恕门格勒医生，虽然这个男人根本不关心她的生命，也不关心那些被判定进毒气室的人的生命。伊娃决心克服重重困难活下来，最终，她成功了。

在这个案例中，邪恶的力量遇到了强大的生存意志。在宽恕了门格勒之后，伊娃看到了自己所遭受的痛苦的巨大意义。她在给许多学生所做的演讲中，展示了一种比一生背负怨恨更好的方式。伊娃在美国的一个小镇设立了大屠杀博物馆。她意识到，她的痛苦和随后的宽恕都有着相同的意义，那就是让别人也可以宽恕他们所遭受的不公。而她最终想表达的是，宽恕比纳粹的力量更强大。这也帮助她更好地成长。你可以想象，伊娃·摩西·科尔女士是一个有争议的人物，因为并不是所有像她那样遭受过痛苦的人都做好了宽恕和原谅的准备。她也意识到了这一点，并指出，她只是以自己的名义宽恕了纳粹，而并不代表其他人。**每个人都有自己的选择，每个人都可以在这场暴行或任何随之而来的不公正中找到自己的意义。你也有自由来选择**从你所遭受的痛苦中寻找意义。

当我们看到我们的痛苦没有任何意义时

如果科尔女士没有在监禁、死亡注射实验以及失去家人的痛苦中发现任何意义，那么她可能早就死在集中营里了。但是她并没有，因为她有一种战胜不公正的坚强意志，并对妹妹米里亚姆的生命充满了希望，同时她也希望自己能唤起其他人的同情心去给予宽恕。

你能从你所遭受的痛苦中找到意义吗？如果不能在你所经历的或正在经历的事情中找到意义，你也就不会努力去追求意义——一种只有你才能发现的意义。

从毫无意义到充满意义的两个例子

当我第一次见到耶利米时,他认为他的生活简直毫无意义。他成年后的大部分时间都在与抑郁症做斗争。他现在45岁了,离异,孩子们都长大了,不在身边。"我和自己的孩子们关系不好。我已经厌倦了。没有人真的在乎我是死是活!"他对我说道,"我的生活中需要爱,但它消失了。我没有活下去的理由。我想把文件整理好,然后自杀。我受够了沮丧。"我能看到他的绝望和孤独。在我们谈话的时候,他提到在他的社区里有一个无家可归的流浪汉,他和这个人的关系很好。"我们相处得很好,他需要我。"当我指出他的流浪汉朋友会被他(耶利米)的自杀所摧毁时,他愤怒地看着我,好像在说:"你怎么敢破坏我的计划!"

但当耶利米想象他的朋友——他每周在公园的长椅上会见到几次的流浪汉,现在因为自己的自杀而崩溃时,耶利米突然哭了起来。最后他意识到,他要自杀的决定,实际上是从一个已经被生活击倒的人身上把爱夺走。耶利米不能忍受给他那无家可归的朋友增加这样的负担,因为那个流浪汉正在依赖着耶利米的情感支持。突然之间,耶利米的生命有了意义:为他的流浪汉朋友忍受痛苦,活下去,好起来,这样他的朋友就不必忍受那突如其来的失去朋友的痛苦。对那些活着的人来说,突然失去一位宝贵的朋友要比失去那些死于癌症的朋友更痛苦。找到活下去的理由,即使只是一个短期的目标,也是你寻找意义的一部分。请注意,在这个案例中,它的意义特别集中在奉献之爱上,这种爱能鼓舞他人,即使这个人自己也承受着痛苦。

87岁的寡妇阿加莎最近摔断了手臂。她做了手术,现在正在接受物理治疗帮助自己恢复使用手臂以及在厨房里操作厨具。

理疗师注意到她在日常的康复训练中并不听话。"如果你不做练习，你就不会进步。如果你的病情没有好转，我就不能来给你进行康复治疗了。"专家向她解释道。

在这位身体康复专家看来，阿加莎没有锻炼的动力是因为她认为自己的生活毫无意义。一位心理治疗师随后发现，阿加莎的父母在她小时候虐待过她，并在她年轻时对她过于苛责，说她没有什么内在的价值。这些年来，阿加莎一直对她的父母怀有深深的怨恨，这削弱了她作为一个成年人与他人建立有意义和信任的关系的能力。因此，她一生中的大部分时间都是独自一人，几乎没有朋友。

当这位心理治疗师建议她原谅父母时，起初她表现得很犹豫。现在每天进行手臂康复训练已经消耗了她大部分的精力，她实在没有力气再去考虑原谅父母这件事了。但心理治疗师解释说，原谅父母并不是为父母找借口，这样做可以帮助减轻她一生的怨恨。阿加莎表示乐意尝试一下。当她开始学习原谅时，这件事对她来说变得非常有意义，以至于她把自己的原谅经历记录了下来，并将这些文章发表在教会的报纸上。其他人被她的见解所吸引，开始联系她。她的小圈子开始扩大，不再感受到深深的孤立感。她充满活力地持续进行着身体康复训练，并最终恢复了手臂的活动能力。阿加莎原本认为生活毫无意义，而原谅给了她生命的意义、朋友和一个康复了的手臂。

提醒 32

意义会给你所经历的痛苦带来希望，并最终给你的生活带来快乐。

寻找意义的真正含义是什么？

我希望你已经逐渐明白了，在痛苦中找到的意义会给你的人生带来很多帮助。但在痛苦中寻找意义究竟意味着什么呢？

找到人生的意义指的是，当一个人受苦的时候，可以在生活中发展出短期或者长期的目标。例如，有些人开始思考如何利用他们曾经承受的痛苦来应对当下的苦难。最终，他们意识到这些痛苦改变了他们对生活中"什么最重要"的看法，也改变了他们预设的长远目标。从痛苦中寻找意义，就是在不断地回答"为什么"这个问题。

一个人若能从工作中寻找到痛苦的意义，那么这些小烦恼说不定一会儿就消失了。也许做一些能为这个世界增添价值的工作，会让你从痛苦中抽离出来。

在追求真理的过程中寻找意义，是在你遭受痛苦之后或承受痛苦之时寻找意义的另一种方式。当我们被那些对我们施加权力的人伤害时，真相和谎言之间的界限就会变得模糊。想想精神病学家维克多·弗兰克（Viktor Frankl）的痛苦吧，他在"二战"期间被关在德国和波兰的纳粹集中营里。当弗兰克博士被命令去户外做奴隶的工作时，我相信那些纳粹士兵们一定觉得他们对弗兰克博士的操控是十分正确的，他们可能已经说服了自己，认为被他们奴役的人在某种程度上是罪有应得的。但弗兰克博士拒绝了他们的谎言，并有意识地站在真相那一边，坚持认为他所经历的是不公平的。一个人可以变得更强大，通过认识到自己遭受的痛苦会让头脑更加敏锐地分辨什么是对的、什么是错的，即使他人试图混淆视听。

成为一个好人的动力和决心也可以帮助你从痛苦中找到意

义。人们有时会认为自己蒙受的苦难源自他人的恶，从而试图培养自己道德上的良善。培养良善包括让自己的内心变得更坚定、更坚强，变得更有爱、更宽容。换句话说，你内心深处知道你作为一个人是在发展的，是在茁壮成长的，尽管有些人企图通过施展权势而将你踩在脚下。

欣赏美则是让你在痛苦中找到意义的另一种强大的具有保护性的方式。他人恶行所导致的黑暗可以让一个人更敏锐地寻找到光明与美。欣赏美，把它放在你的内心，可以帮助你超越你的创伤，让它们更容易忍受。最终，当你原谅时，你会发现原谅本身的美。

当你觉得自己被别人压迫得喘不过气来的时候，一个新的意义就会浮现出来，那就是你现在想要帮助别人，在别人被压迫得喘不过气来的时候帮助他们。你的同情心将激励你去帮助别人。

最后，如果你有自己的特殊信仰，那么理解和领悟你的特殊信仰，能为你的生活找到一条充满意义的新途径。C.S.刘易斯在妻子因病去世后，在他的书《痛苦的问题》中提出了这一观点。他的信仰并没有因为痛苦而减弱；相反，他利用这次机会更深入地探索自己的信仰。当人们原谅别人的时候，他们会意识到自己也需要被原谅，这进一步加深了一种认识，即一旦被原谅，就会更好地去原谅他人。被原谅和原谅他人的结合使得真正健康的人际关系成为可能。使痛苦变得有意义，就是希望那些对你不公平的人也有一个美好的未来。

提醒 33

从你所遭受的痛苦中寻找意义，是一条走出沮丧和绝望、走向更美好的道路。

在痛苦中寻找意义不意味着什么

当你从你所忍受的痛苦中找到生命的意义时,你不会做以下任何一件事。

- 你不会因为发生在你身上的事情而否认愤怒、悲伤或失望。事情确实发生了,你的负面反应是完全合理的。寻找意义,不是用枕头蒙住你的头,希望痛苦消失。
- 当你寻找痛苦的意义时,你不是在和自己玩游戏,说:"哦,好吧,我欣然接受所发生的一切。"是的,你可以欣然接受所发生的一切,但如果这就是你从所遭受的痛苦中找到的全部意义的话,你就不太可能去解决你内心的创伤——这是我们的原谅之旅的全部内容。"哦,好吧"的方法是被动的,而愈合伤口需要积极地对待疼痛。
- 当你找到意义时,你不会粉饰不公,扭曲现实,说:"所有事情的发生都有充分的理由,所以我会努力地发现不公正本身的良善。"但是,也许这种不公正本身并没有良善可言,一定要在你经历的不公正中发现良善是没有必要的,我也不建议你这样做。

从遭受的痛苦中寻找专属于你的意义

你从你所遭受的痛苦中看到了什么意义呢?这不是一个容易回答的问题,因为正如我们在前面看到的,可能有很多不同的答案。对科尔女士来说，至少在短期内，她找到的意义是不要让痛苦置她于死地。对于另一个在伴侣关系中挣扎的人来说，可能是要知道自己也是不完美的，这样她就会对不完美的伴侣更加宽容。对于另一个从事无聊工作的人来说，他可以通过自己的痛苦来仔细思考他职业生涯的优先次序是什么，并设计实现它们的具体步骤。

换句话说，没有什么规则告诉我们，我们会从痛苦中找到什么意义。如果必须要我给出一个答案，那就是我们要通过痛苦变得更有爱，然后把这种爱传递给别人。无论你是否同意我的这个观点，找到一个积极的意义，这本身对个人情绪的疗愈都是有帮助的。

在第五章中，你的任务是弄清楚你所遭受的痛苦的意义。这种痛苦如何改变了你？你以这种特殊的方式遭受了痛苦，你的生活有了什么新的方向呢？

作为弄清楚痛苦意义的第一步，让我们花点时间来看看其他人在痛苦中寻找意义的回答。以下章节列举了一些勇敢的人，他们在遭受严重的不公正待遇后，仍然努力实现人生的意义。在了解了这些例子之后，就轮到你来发现专属于你的意义了。

在美中寻找意义

29岁的乔赛亚目前正躺在家中的病床上。那是因为一个醉驾的司机撞上了他的车，车翻了。他现在截瘫了，正在尽可能地治疗。他觉得自己的双腿被囚禁了，你可以想象，这种监狱般的生活是个挑战。到目前为止，他已经在这张床上待了6个月的时间。

每当和家人在院子里时，他都会欣赏开阔的乡村美景和屋后的小溪，以此来对抗绝望。乔赛亚开始学习画画，他的目标是在画布上捕捉乡村的美。画中的风景将是他原谅的象征——和平、宁静，这对他的家人和他自己都有帮助。用乔赛亚自己的话说："我可以让那个醉酒司机的行为后果杀死我，或者，我可以去更高远的地方——让不可思议的乡村美景引导我，让我想起世界上所有美好的事物，给我继续前行的力量。车祸暂时禁锢了我的身体，但没有禁锢我的灵魂。现在，任何伤害我的行为都无法伤及我作为一个人的核心本质。"

找到原谅本身的意义

34岁的萨曼莎因为丈夫对她的身体虐待而与之分居，起初她认为原谅是一件危险的事情。我还记得我第一次提起这个话题时她那锐利的眼神。她向我解释说，根据法院的命令，为了她的安全，她的丈夫不能靠近她。当她听到"原谅"这个词的时候，她立刻想到了一种愚蠢而危险的和解方式，这个人打她的次数多得她都记不清了。以至于我还没有建议她将原谅作为一种治愈情感的方法，她就已经因为我用了这个词而生气了。

在谈论了很久什么是原谅、什么不是原谅之后，她终于明白了：**原谅是对自己内心的一种保护**，而不是让自己陷入危险的行为。她接受了这个建议，开始原谅她的丈夫，这改变了她的生活。"我需要学习原谅，我从心里需要它。"她说，"除了原谅他，我不知道还有什么办法来消除愤怒。一想到我的余生将被困在我过去对他的愤怒中，我就觉得有点可怕。我想我现在可以更自信地继续生活下去了。当愤怒来临时，我现在有了处理方法。"

原谅带来了意义，因为它向萨曼莎表明，她可以克服自己的愤怒，那种因为过于强烈而让她感到不安的愤怒。她现在找到的意义是用原谅来平息内心的愤怒，从而让自己的生活慢慢开始恢复正常。

在奉献中找到意义

21岁的梅丽莎是从澳大利亚移民到美国的，她常常和母亲发生争吵，所以她决定移民以逃避冲突。在新的地方适应并不容易，她在找工作和交朋友方面都有困难。她觉得自己被孤立了，想要回澳大利亚去，但每次想到这里，她就会想起与母亲的冲突，这使她压力倍增。此时，试着适应新环境对她来说可能是更好的选择。

在痛苦中，梅丽莎开始对别人的痛苦更加敏感。她在社区中看到了一个合适自己的工作。她接受了儿童早期教育的培训，并开始了教师助理的职业生涯。她对儿童的服务帮助她正确地认识了自己的痛苦。她没有把自己童年的冲突最小化，她坚持认为，自己仍然面临着原谅母亲及和解的挑战。与此同时，她能够因为自己遭受的痛苦而更好地服务于孩子们，其中一些孩子也承受着家庭冲突带来的巨大痛苦。梅丽莎知道在冲突中长大是什么感觉，所以她对这些孩子特别耐心和温柔。她给予他们爱，安抚他们受伤的心灵。在给予中，她自己也经历着情感的愈合。

回顾自己的一生，梅丽莎认为正是与母亲无休止的争吵让她找到了为孩子们服务的意义。她热爱自己的工作，并为此深感满足。即使当其他老师和助理抱怨孩子时，她也能看到更深层的东西——她看到的是受伤的心，而其他人只看到需要纠正的行为。梅丽莎现在看得更清楚了,因为她多年前的心灵创伤,现在正在渐渐愈合。

练习从自己的痛苦中寻找意义

如果你准备好探索你所遭受的痛苦的意义了,那么请回顾本章之前提到的各种意义,并思考哪些适用于你。这里的练习不会让你立即采取具体的行动来实现目标,它们只是为了让你能更深入地了解。首先需要洞察,然后才是行动,那是我们在第八章中要做的。

练习1:发现短期目标中的意义

在纸上或电子设备上写下你对以下问题的答案:

科尔女士的短期目标是活下去,那么你在遭受了别人的不公正对待之后,有一个使你活下去的目标吗?

即使你的身体还活着,你的心——你对生活的爱、热情和激情的中心——可能正在死去,是吗?

如果是这样,你恢复内心活力的短期目标是什么?

练习2：在制定的长期目标中寻找意义

　　你生活中优先考虑的事情可能会因为你所经历的痛苦而改变。写下那些过去对你来说很重要，但现在看起来微不足道的、不重要的，且无益于你和别人幸福的事情。具体一点，这样你就知道你在生活中该放弃什么。

　　反思你对痛苦的回应。从长远来看，你认为哪种回应对保护你的人性最重要？换句话说，你的生活中需要什么才能不被严重的不公正所打败？

　　什么事情过去对你来说是微不足道和不重要的，而现在却显得非常重要？请试着逐一列出。是什么帮助你恢复了正常的生活呢？你的答案可能会构成你生活中新行动的基础，这是我们将在第八章讨论的主题。

练习3：在工作中寻找意义

痛苦是如何改变你对工作和工作场所的看法的？如果你是一名家庭主妇，这种痛苦如何改变了你服务家人的看法？

在上面的练习中，我们思考了那些过去看起来非常重要、现在看起来微不足道的事情。

相反，过去对你来说不值一提的事情现在对你的工作来说很重要吗？

提醒 34

当你根据你所遭受的痛苦来制定新目标时，你就给你的生活增添了新的意义。

练习4：站在真理中寻找意义

两千多年前，亚里士多德给真理下了最优雅的定义："它是什么就说它是什么，它不是什么就说它不是什么。"你受到了不公正的对待吗？实事求是地说："我受到了不公正的对待。"

如果你不通过"心灵手术"来治愈你的情感，你的内心会有痛苦的感觉吗？如果有，就请实事求是地说："我现在必须小心，因为不公正已经损害了我内心的健康。我意识到了这一点，我的痛苦表明了这一点。"

因为他说他是对的，他就真是对的吗（比如他说没有不公正对待我）？实事求是地说："不，我坚守真理，我受到了不公正的对待，我不会退缩，即使有人试图反驳我。我现在知道该怎么思考了，我不会放弃这种清晰地看待不公正的新方式。"当然，这里也需要平衡。如果你一直否认并扭曲对方的行为，那么这并非站在真理中。在这种情况下，事实应该是这样的："我错了，另一个人并不像我最初所想的那样不公正地对待我。"

> **提醒 35**
>
> 你的痛苦可以帮助你看清什么是公正,什么是不公正。

练习 5:从成为良善的人中发现意义

不管发生了什么,你都是个良善的人吗?

让你的痛苦帮助你看到真相:"不管别人怎么说我、怎么对我,我都是一个良善的人。"

你的痛苦如何强化了你善待他人的决心呢?

思考一分钟,想想别人的不公正对你造成了怎样的影响。

你是否想让他人因为你不愿做良善的人而遭受痛苦呢?

> **提醒 36**
>
> 你的痛苦可以帮助你意识到,你不会让这个世界上的恶夺走你的善……为了有益于他人。

练习6：尽管你遭受了痛苦，但你依然保持良善，在这一事实中找到意义

当我们被别人深深伤害时，我们往往会失去信心和自我欣赏的能力。

然而，当我们仔细观察时，我们会看到不同的、更清晰的东西。

看看你遭受了什么，忍受了什么。

一个软弱无用的人会面临这样的痛苦吗？

你的痛苦证明了你是如何坚持下去的，尽管你可能感觉自己已经被他人的不公正行为压垮了。

那么，你所经历的这些痛苦，告诉了你什么？

提醒37

你的痛苦不是白白承受的，它能让你感受到你内心的善良。

练习7：在强化的决心中找到意义

你认为有些伤害别人的人真的喜欢看别人受苦吗？有时候，那些非常愤怒的人会通过把自己的痛苦强加给别人而获得某种快感。如果施虐者符合这一描述，那么就不要给他这种满足感。相反，要试着在你所遭受的痛苦中发现生命的意义。有些人认为下定决心很有帮助，例如：

"我将通过反抗不公，让自己的内心变得更强大。"

"我将努力保持内心的平静，决不让刻薄和残忍摧毁我的坚定。"

"我要向科尔女士学习，培养坚强和善良的品质，用来面对我所遭受的痛苦。"

"这个世界上有太多的痛苦，所以我决心向善。"

当你意识到你比自己想象的坚强得多时，这个挑战会赋予你的痛苦以巨大的意义。

提醒 38

你的痛苦是使你强大的一种手段。

练习8：在美中寻找意义

在这个高速运转与追求财富的现代世界里，太多的人往往看不见美所带来的深层疗愈的效果。然而，真正的美有一种深深的满足人类心灵的能力。人们一看到美，就知道美是什么。

美，当你看到它的时候，它会向你伸出一只手，召唤你从深渊中爬出来，追求更好的生活。美，能振奋精神，超越你生活中经历的所有黑暗和不公平。换句话说，美有助于治愈你。

当人们意识到这让他们的心变得柔软，并允许比自己更强大的事物进入内心时，他们就会从痛苦中找到意义。弗兰克博士讲述了他在纳粹集中营里的一件事，他和他的狱友们在被迫行军或在外面做奴隶劳动时，会刻意去欣赏大山的美丽。专注于体验山之美，可以使他们的内心深处产生一种比行军的痛苦和劳动的疲惫更强大的力量，这影响着他们的情绪。他们选择把注意力转移到一些能在最恶劣的环境中让他们振奋的事情上。

美赋予了他们生命的意义，激发了他们活下去的意志，因为他们在内心深处意识到，比起某一天的痛苦，生活中还有更多的东西。

提醒 39

如果你愿意,你将从今天开始看到美,而不会只看到黑暗,而且你将永远不会让黑暗获胜。

这里还有一个类似的故事。犹太女孩安妮·弗兰克从 13 岁生日那天开始,就在日记中记录下她在纳粹占领自己所在的城市阿姆斯特丹时的经历。她的家人躲在父亲工作的大楼里。最终,他们被抓住了,她和她的妹妹玛戈被转移到德国的一个纳粹集中营。1945 年,安妮在那里死于斑疹伤寒。她的日记最终被她的父亲发现,并以《安妮日记》为名出版发行。尽管东躲西藏、家庭破裂、被驱逐到纳粹集中营,但她还是写道:"想想你身边所有的美好,保持快乐吧!"所有的丑恶和仇恨都没有打败她。她坚持了自己心中的美。

当我们被痛苦压垮时,我们倾向于只关注痛苦,而忽略了世界的美好。但如果你选择改变你的关注点,这种倾向是可以随之改变的。你不仅仅有痛苦,你不仅仅有伤疤,你不仅仅只有不完美——伤害过你的人也是如此。尽管经历了这么多,但你依然是美丽的。

你认为安妮·弗兰克的痛苦削弱了她的美丽,还是增加了她的美丽?仔细想想维多利亚·莫兰的以下看法:"对于爱你的人来说,你已经很美了。这并不是因为他们看不到你的缺点,而是因为他们如此清楚地看到了你的灵魂。相比之下,你的缺点就显得暗淡了。关心你的人愿意接纳你的不完美,同时也愿意看到你的美。"

你的痛苦让你的内心更加柔软,这意味着你的内在变得更加美丽。当然，我并不是鼓励你去寻求更多的痛苦，从而让你内在的美进一步显现。相反，让生活中的挑战成为展现你内在美的新机会吧。

> **提醒 40**
>
> 痛苦会彰显你内心美的品质。

现在回到我们的练习中来吧。在接下来的一周里，我们将试着去了解至少四种美：第一种是自然风光之美；第二种是观察他人的品格之美；第三种是艺术之美，如绘画、音乐作品、文字等；最后一种是，思考原谅本身就是美的可能性。每一次都要问自己："在我遭受了如此沉重的痛苦之后，我是否更能意识到美？如果是这样，我现在变成一个什么样的人呢？"

练习 9：在服务他人中寻找意义

此时，你是否有足够的勇气去问自己："我能为别人做些什么呢？我怎样才能为那些心灵受伤的人提供服务呢？"

这里的重点不是换工作或在一家服务机构做全职工作，比如去为那些在街上受苦的人提供食物（虽然那也是很棒的，如果你认为这是你现在的工作使命的话），也不是在已经负荷的工作上增加更多的时间。

这里的关键是要利用好那些你可以向另一个心灵受伤的人伸出仁慈之手的时刻：一个微笑，一个拍后背的动作，一句鼓励的话，即使是一个很小的手势也可能是对他人的服务。

试着去看到别人受伤的心，然后去做些什么，不管这个世界告诉你那颗心看起来多么渺小，请试着去帮助治愈那颗心。

你会发现，在试图治愈别人心灵的同时，你自己的心灵也将开始得到愈合。

提醒 41

当你为那些心灵受伤的人服务时，你的心灵也将开始愈合。

练习10：在原谅和被原谅中寻找意义

当你发现你在原谅那些伤害过你的人的过程中，会变成一个更加完整的人时，这个原谅的过程对你的痛苦有意义吗？

毕竟，如果没有这种痛苦，你永远不会发现原谅的真善美，你也不会武装起来对抗那些伤害你内心的力量。

你的痛苦使你成为一个更明智的人，关于了解什么是原谅，以及如何实践原谅，现在花点时间写下你对这些问题的想法。

- 你的痛苦如何帮助你成为一个更懂得原谅的人？
- 你的痛苦如何帮助你更容易从你伤害过的人那里寻求原谅？

提醒 42

痛苦可以增加你对原谅的认识。痛苦可以帮助你成为一个懂得原谅的人，并寻求别人的原谅。

练习11：在信仰中寻找意义

如果你有特定的信仰，那么你就有机会通过这些信仰来找到痛苦的意义。

这里只是列举几个例子：在佛教（有些人认为佛教是一种信仰，而另一些人则认为它是一种生活哲学）中，面临的挑战是不受愤怒和痛苦的影响或者说超越愤怒和痛苦。痛苦为我们提供了一个机会，让我们不再执着于世俗以及其带来的不满和痛苦。印度教的教义，教导人们要怜悯那些让他们受苦的人。犹太教的教义劝诫人们要像爱自己一样去爱邻居，要效仿仁慈的上帝。基督教的教义告诉信徒要以耶稣基督为榜样，同样也宣扬"爱邻居如爱自己"的美德。伊斯兰教的信徒在《古兰经》中读到的上帝是爱和宽恕之神。

所以，我们要问那些有信仰或有宗教信仰的人：

- 你的信仰对痛苦是如何阐述的？
- 对你个人来说，这种信仰使你面临的挑战是什么？
- 你能看到你的信仰是如何要求你成长的吗？

再一次，当你听从来自信仰的教导时，试着具体地回答你应该如何成长，以及你实际上是如何成长的问题。

> **提醒 43**
>
> 试着理解你的信仰是如何看待痛苦和克服痛苦的，努力使自己成长为一个完整的人。

关于在痛苦中寻找意义的问题

问题 1

我能在我的痛苦中找到不止一种意义吗？我发现了好几种意义，但我试图弄清楚是哪种意义真正解释了我的痛苦，这让我有点困惑。

你现在不仅有多种意义需要考虑，而且随着旅程的继续，你可能会发现更多的意义。随着时间的推移，有些意义可能会变得不那么重要，而另一些意义则会变得对你至关重要。现在，为了减少你的困惑，我建议你从我们刚刚完成的练习中列出对你重要的前三种意义，让它们成为你现在的焦点，当你走在原谅的道路上时，请保持开放的心态，随时增加和修改你所发现的意义。

问题 2

我能否找到某种意义，作为我合理化重回那段不健康关系的借口？

是的，这是可能发生的。例如，有人可能会错误地得出这样的结论："嗯，我从我所遭受的痛苦中学到了很多，所以我遭受的越多，我学到的就越多……因此，当我回到一段不健康的、对他人和自己都有害的关系中时，不保护自己是可以的。"

请注意，我在前面的段落中使用了"错误地"这个词。所以，是的，这种情况有可能发生，但绝对不应该发生。这件事之所以发生是源自混乱，而非对它有清晰的理解。当你用更清晰的眼光去看待时，你会发现，你不应该在寻找意义来处理痛苦的过程中失去平衡。这个世界上任何美好的东西都可能被扭曲到不再是它最初的样子，它呈现的结果也不再是它当初所预期的。所以，要意识到一些极端的观点，它们会扭曲什么是痛苦以及它背后的意义。避免这种错误举动的一个方法是问自己：我是否把自己置于危险之中，并试图以某种方式证明这是一种寻找意义和成长的方式？如果答案是肯定的，那么首先请避免危险，然后重新评估如何在不寻求痛苦的情况下找到意义。

问题 3

你是否曾接触过这样的人——他们觉得痛苦或原谅本身毫无意义。如果是这样，你是怎么处理的？

是的，我曾接触过一些人，他们发现自己的痛苦或原谅本身没有意义，但这通常发生在原谅旅程的开始之时，而不是在中途或更远的地方。当这种情况发生时，我试图向对方展示我们的原谅地图，也就是我们在本书中第八章所讨论的。当人们发现比起他们在某一天看到的和经历的，原谅带给他们的将会更多时，他们就会倾向于用更长远的眼光看待它，并随着时间的推移耐心地培养更清晰的视野。这段旅程给了那些最初挣扎的人希望和挑战，让他们继续走在原谅的道路上。不要因为今天感觉没有希望，而选择放弃。培养长远的目光有助于人们穿透眼前的黑暗。

问题 4

在痛苦中寻找意义和在痛苦中寻找新的目标有什么区别？

寻找意义就是在头脑中获得一种洞察力。这是一个内在的过程。找到一个新的目标，虽然这源自头脑中的一组想法，但会以实际的行为和人际关系呈现出来。目标是指一个人真正打算做的事情，以及当意义更加明确时他实际做的事情。

问题 5

当对方一直对我不公，就像一列货运火车朝我驶来，我怎么能找到意义呢？

当我们在情感上被别人打败时，我们很难思考。然而，当别人不断对我们不公时，我们有必要更加努力地寻找意义，因为我们不能被别人的残忍所征服。当你离开这个人的时候，花点时间练习原谅，这样你的情绪就会平静下来，然后请问自己这些问题：

- 我从中学到了什么？
- 我怎样才能在短期内保护自己，使自己不至于不知所措？
- 我怎样才能把我所学到的付诸行动，结束这种不公正？

请记住，原谅和正义是一起"成长"的，这不是一个或另一个的问题，当你解决问题并努力治愈情感时，这两者是共存的。

> **提醒 44**
>
> 宽恕和正义一起"成长"，永远不要把任何一个抛在一边。

问题 6

我不同意那些认为发现意义可以减少痛苦的人。在我看来，当一个人在生活中积累了很多痛苦时，痛苦并不会减少，反而会上升。当然，我们可以找到意义，但你怎么能说它可以减少痛苦呢？

最直接的答案是：是的，痛苦可能会上升。然而，从长远来看，当你通过这本书中描述的原谅练习来争取自己的幸福时，痛苦很可能会开始减少。这个过程需要时间、动力和练习。不要让今天的痛苦终结你战胜痛苦的最终目标，你今天的感觉也不会是你的永久状态。

> **提醒 45**
>
> 当痛苦加剧时，要知道，这不是你的最终状态。原谅最终会减少内心的痛苦以及这种痛苦带来的负面影响。

问题 7

当我试图通过寻找意义来减少痛苦时，我仍然发现自己希望那个伤害我的人也遭受痛苦。这是否意味着我没有成为一个原谅者？

首先，即使是问这样的问题也表明了你有原谅的动机。试着把你的原谅想象成一个连续体——从只有一丝的原谅到对不爱你的人产生令人惊讶的爱。你还没有到达"令人惊讶的爱"的终点。正如他们所说，欢迎来到原谅俱乐部，我们都在与原谅作斗争。这确实是一个不断成长的过程，需要时间和努力，所以不要责备自己对一个伤害过你的人再次愤怒。当你意识到了自己的愤怒（在这种情况下，其实是一种报复），请返回第四章重新练习原谅。当你不断练习原谅时，报复的想法就会消失。在这个过程中，请温柔对待自己。

问题 8

相比于那些有多年经验的原谅者，从那些刚刚开始原谅的人所表达的意义中，你发现有什么不同吗？

是的，有很大的不同。对于那些刚刚学会原谅的人来说，最直接的意义往往是这样的："我知道我必须找到一种治愈情感的方法，所以我将制订这些短期计划来治愈我受伤的心灵。"而随着时间的推移，人们倾向于从他们能给予他人的东西中找到意义——这可能包括伤害他们的人，以及他们周围的其他人。换句话说，他们在给予中找到了意义。

问题 9

你所说的寻找意义的例子都是正面积极的，比如看到美、为他人服务……但如果我发现了自己的一些负面的东西呢？比如，我作为一个人太自私了。这会妨碍我原谅的能力吗？

如果你止步于此，不继续走在原谅的道路上，那么这种洞察力会妨碍你原谅的能力。看到自己身上消极的东西会给你提供一个很好的机会来改正这个缺陷。这是一个新的意义，你的问题正暗示了你自己需要去纠正这些缺点，从"我看到我有缺陷"变成了"现在我看到了，我致力于解决它"，你的问题在培养品格方面可谓一个转折点。

问题 10

实际上，我害怕在痛苦中找到自己的意义，因为我不想正视痛苦。在这种情况下，你有什么建议呢？

许多人害怕审视自己的痛苦，还有自己的愤怒，因为一旦他们"正视痛苦"（或愤怒），他们就看不到解决的办法。然而，原谅本身为痛苦和愤怒提供了一个强大的解决方法，因此，你可以站在真理中看到你的痛苦和你的愤怒。原谅是你的安全网。当你看到痛苦，并被原谅给予的信心所支撑时，试着去寻找这种痛苦对你有什么意义，其结果很可能是你明显地减少了痛苦。

> **提醒 46**
>
> 你不必害怕正视痛苦，因为原谅是你的安全网。原谅可以保护你免受痛苦带来的心灵创伤，使你更强大。

最后的练习：强化你在痛苦中寻找意义的能力

最后提供三个练习来进一步强化你在痛苦中寻找意义的能力。

练习12：日常陈述

花点时间阅读和反思以下几点，以便在你的人生旅程中寻找到对你来说重要的意义。

- 当我在痛苦中找到意义时，它帮助我站起来面对发生在我身上的不公正。
- 我永远不会绝望地屈服于他人的残忍和卑鄙，因为如果那样的话，不公正就占上风了。
- 尽管遭受了痛苦，我仍将继续培养原谅的思维。

练习13：对意义排序

在本章讨论的十一种痛苦的意义中，哪一种最适合于现在的你？其次是哪一个？将以下十一种意义按重要性进行排序，每天有意识地专注于前三种意义。

- **意义1**：制定强有力的短期目标来帮助我应对短期问题。
- **意义2**：制定有价值的、能让人深感满足的长期目标。
- **意义3**：重新思考我应该如何对待工作。
- **意义4**：无论如何都要站在真理中。
- **意义5**：更好地理解仁慈意味着什么。
- **意义6**：尽管遭受了痛苦，我也没有失去良善的信念。
- **意义7**：变得更加坚定，告诉自己一定要善良，因为这世界已有太多的痛苦。
- **意义8**：培养对美的更深层次的欣赏。
- **意义9**：意识到为他人服务是非常有益的。
- **意义10**：使学习原谅和寻求原谅成为一种新的生活方式。
- **意义11**：因为我遭受过痛苦，所以更能理解信仰的微妙之处。

练习14：重新评估你是否做好了原谅的准备

在第四章中，你变得越来越懂得原谅了，你必须持之以恒地做好原谅的准备。

现在，该如何让自己变得更加适应原谅呢？

与前一章的自我评估相比，你感觉自己仍旧不大适应，或者差不多？还是更适应了？如果你感觉不太适应，我想可能是因为疲劳。

休息一下，恢复一下。

你有的是时间来慢慢提高适应度，把眼光放长远一些，让自己充满希望。

如果你差不多适应了，那么就坚持下去，继续成长。如果你感觉更适应了，那就享受这种感觉吧，争取获得更多。

逐步适应原谅是令人兴奋的，现在让我们开始进入第六章。

Chapter
06

当难以原谅的时候

今天我要反抗

我受了伤，所以我要反抗……

不是握紧拳头、咬牙切齿

不是寻求或是取得权力来控制伤害我的人

不是蔑视或威胁

今天我要反抗……

带着爱

带着仁慈

同时带着理解

我不会放弃

  当我们面对他人严重的不公正时，要做到原谅和宽恕总是很难的。毕竟，对那些没有给予你仁慈的人施以仁慈真不是那么简单的事。有时候，我们似乎不可能做到原谅，试图给予他人理解和同情会成为一种痛苦。我认识一些人，他们拒绝使用"原谅"这个词，因为这只会让他们更生气，他们还没有准备好施以仁慈。这是可以理解的。我们每个人都有自己展现仁慈的时间线。事实上,你在书中已经走了这么远,这表明你有原谅和宽恕的动机。在这一章中,你将了解到,在原谅的旅途中,你也许会遇到瓶颈,也许会被绊倒,"当感到难以宽恕的时候",让我们一起突破这一瓶颈,并考虑如何继续前行……

拿起这把钥匙似乎有点吓人,因为我们正在谈论关于原谅的真正困难的方面。也许在这一点上,你有一些忧虑,甚至有些恐惧。你在前五章中遇到过能帮助你摆脱忧虑或恐惧的东西吗?到目前为止,你已经遇到了很多挑战,回顾这些你已经达成的目标,用它们作为增强你自信的一种方式。

难以宽恕的故事

正如前几章一样,我们将从列举一些例子开始,在这些例子中,选择原谅和宽恕是非常艰难的。

宽恕需要付出耐心和时间

当苏珊娜·弗里德曼和我一起做关于乱伦幸存者和宽恕的科学研究时(在第一章中描述过),你可以想象,这个过程是何等困难。如前所述,每个研究参与者都需要大约 14 个月的时间才能完成宽恕。如果让她们中的任何一个人在第五个月甚至是第八个月初就做出评估,估计她们尚无法做出宽恕,甚至可能还会怀疑自己是否能体验到她们一直在寻求的所谓的宽恕。然而,最终她们所有人都做到了。我提到这个例子是为了进一步鼓励你。

其中一名乱伦幸存者完成了对父亲的宽恕,当她父亲在医院奄奄一息时,她竟然帮助照顾了他。她开始认为父亲具有内在的价值,当然并不是因为他所做的事情。她使用更清晰的洞察力,并看到了他原本具备的一些良善的品质,尽管父亲曾因心理疾病对她做出了乱伦的行为。当回顾自己的情况时,她说,她很高兴自己原谅了父亲,因为她现在只需要面对亲人去世的哀伤,她的心已经足够柔软,可以用来哀悼父亲。她解释道,如果她一直不原谅,那么她的情绪就会混合着悲哀、伤痛和愤怒。在她看来,这种混合的情绪令人太难以承受了。在乱伦幸存者的例子中,努力和耐心以及在14个月里一直遵循我们第四章和第五章中的建议,被证明是她们每一个人成功完成宽恕的决定因素。

意志坚强,承受痛苦

在另一个例子中,艾伦结婚三年的妻子与不同的男人有过两次婚外情。他非常难过,以至于无法接受"原谅"这个词。他可以接受诸如**接纳、理解、把这事交给更高的权力者**等这些说法,但**原谅、宽恕**甚至**仁慈**都不行。随着时间的推移,艾伦一直走在原谅的道路上(尽管他不这么称呼它)。尽管他的妻子有外遇,但他仍用坚强的意志试图尊重她。通过使用**尊重**这个词,他并没有原谅她的行为;相反,他希望自己看到她有情感上的问题,他选择接受她作为一个人,即使他不再接受她作为自己妻子的特定角色。

最终,艾伦意识到,尽管他自己有满腔的愤怒,但他必须承受所发生的痛苦,这样他就不会把这种痛苦传递给他正在成长中的儿子,他现在正独自抚养儿子。如果他不承受这种痛苦,他就可能会把愤怒转移到他的孩子身上。当然，他想帮助儿子尽可能健康地成长，所以他从来没有在家人面前谴责过前妻。他会注意管理自己的情绪，当儿子有不当行为时，他也不会过分生气。强烈的意志和为儿子承受痛苦的决心是艾伦原谅过程的一部分，尽管他永远不会使用这个词。

选择更易原谅的事进行持续练习

塞丽卡是一名35岁的建筑师，她难以原谅她的老板，这是因为尽管四年多来她一直是公司中卓有建树的一员，但老板仍然解雇了她。她对老板忠诚，却遭到了对方的冷漠和背叛。不管她怎么努力，塞丽卡都无法摆脱对老板强烈的怨恨。在三个多月的时间里，她反复做噩梦，内容都是关于这份工作和她所受到的不公正待遇的。

塞丽卡认为她还没有足够的能力去原谅她的老板，所以她开始对那些没有那么严重冒犯她的人做原谅练习。例如，她每天都会原谅自己的孩子，因为他们会不守规矩。她练习原谅哥哥在她青少年时对她所做的麻木不仁、粗鲁不堪的评论。对她来说，看到自己的孩子和哥哥的内在价值要比看到老板身上的内在价值容易得多。

经过大约一个月的练习，她开始能够把对内在价值的认识应用到老板身上。她发现，现在她可以取得一些进步了。虽然她仍然认为老板是一个效率低下、不完美的人，但这个人依然具备了一些好的品质，例如，他将公司的部分资金捐赠给当地的慈善机构，不是为了宣传，只是因为他觉得这是一件好事。塞丽卡最终原谅了老板，并朝着自己的新事业前进。

在上述每一个例子中，人们都很难原谅别人。虽然他们使用的方法略有不同，但他们最后都成功地摆脱了怨恨，成为情绪更健康的人。

保护情绪健康的练习

你还需要保护你的情绪健康。让我们从思考一些重要的问题开始，当你很难原谅一个深深冒犯你的人时，你需要考虑这些问题。

练习1：首先，也是最重要的，保护你与生俱来的价值

如果你被困在难以原谅和灰心丧气中，那么你首先需要改变你的自我评价。

权力视角会使你低估自己的价值，千万不要听信权力的谗言。

当别人谴责你的时候，你也很容易谴责自己。

从现在开始，试着反驳这种权力的观点。

作为一个人，你是谁？即使你在生活中挣扎，你仍然是一个有内在价值的人；即使你心里有不健康的愤怒，你仍然是一个特别的、独一无二的、不可替代的人。

你不是原谅的失败者。

请记住,原谅是一个需要时间、耐心和决心的过程。如果你在这个过程中挣扎,试着不要对自己苛责。

今天你在这个过程中做得如何并不能代表一个月后你的处境如何。

你是谁?

提醒 47

尽管被别人伤害,你仍然要意识到你是一个很有价值的人,这个价值是不能被剥夺的。

练习 2:用长远的眼光看问题

现在回想一下你的童年时期,某一次,你和朋友发生了似乎很严重的分歧。

在当时,这种分歧看起来会永远持续下去吗?确实是这样的吗?你花了多长时间去跟朋友和解或者去找一个新朋友？时间会改变我们的环境。我并不是在这里提倡一种被动的生活方式——比如说："哦，那我就等它过去吧，不需要我费什么力气。"这不是重点。关键是要有长远的眼光，这样你就能越过山丘，到达一个更稳定的平静之处。

你在童年时就已经知道，冲突会结束，冲突的后果（感到悲伤或愤怒）也会消失。为什么同样的变化过程现在不适用呢？

从现在开始的一个月里，请你尽可能现实地看待自己，试着想象一下半年后你的情况，试着想象一下两年后的自己。你会是同一个人吗？你对待不公正的态度会像三个月前一样吗？可能不会。

当继续踏上这趟原谅之旅时，你可能会以更大的力量和智慧迎接挑战。

提醒 48

当你用长远的眼光看待你的困难时，你会发现一年后你将处于生命中不同的位置。

练习3：对自己温柔一点

防止对自己的虚假指控是非常重要的。同时，我们也要练习更温柔地对待自己。

我的意思是，试着培养一种发自内心的宁静、一种发自内心的接纳。

试着像对待你深爱的人一样对待你自己。允许自己不完美，当你不完美时，请提防内心苛刻的自我谴责。

因为你受过伤害，所以现在，你生活的方方面面都需要培养一种自我接纳的感觉。

当下次你犯错误的时候，请注意你的内在对话。检查一下你是否在用内心的鞭子抽打自己，并立即停止。

相反，请试着这样对自己说："我内心受伤了。我不要再受一次伤，尤其是由内心造成的伤害，是时候温柔地对待自己了。"

练习4：尽你所能与善良和明智的人为伴

谁会在你受伤时支持你？我们知道，不是每个人都会。

关键是不要放弃和那些看不到你伤口的人交往。

相反，你可以这样问自己："谁会真正看到我的伤口，并足够关心我，参与我的疗愈过程？"这个人可能是你的治疗师，也可能不是。

不管怎样，要特别注意那些有耐心给你时间让你以自己的方式疗伤的人，他们与你站在一起，鼓励你从你经历过的不公正中获得疗愈。

试着说出至少一个人的名字，然后是第二个人的名字……他们可以为你做这件事或者已经做到了。

在接下来的一周内，试着与至少一个人取得联系，你甚至不必提及你的伤口。有时候，和那些知道你受伤了，并愿意给你时间疗伤的人待在一起就足够了。

练习 5：必要时寻求专业帮助

如果你认为你的情绪正在阻碍你的正常生活，那么请思考两个问题。

- 你每天的大部分时间都存在这些破坏性的情绪吗？
- 如果有，这些情绪影响你的正常生活多久了？

如果你处于这种状态已经长达两周或更久的时间，那么你可能是时候考虑寻求专业的帮助来处理你的情绪了。

对于寻求专业帮助，有一种刻板印象是不正确的。这种刻板印象是指，如果你必须去咨询精神科医生、临床心理师或其他心理健康专业人士，那你一定是"疯了"。这种刻板印象可能会阻止你得到需要的帮助。那些寻求专业帮助的人是勇敢的。这种帮助不需要持续很长时间，具体取决于你的情况。

你可以这样想：所有在候诊室的人都是因为他们有一颗受伤的心。还有另一个观点：你的治疗师可能在某个时候也为他们受伤的心灵寻求过专业的帮助。所以，鼓起勇气，加入其他受伤和需要帮助的人群中来。

通过更具体的练习来原谅那些难以宽恕的人

现在是时候把练习的重点放在原谅的过程上了。不要期望下面的每一个练习都适合你的个人情况。如果你发现其中一个或多个练习对你没有帮助，那么就跳过它，继续下一个。另一方面，如果你发现一种练习对你特别有帮助，那么就记录下来，每天练习，直到你能够原谅那些你觉得很难给予仁慈和同情的人。

练习6：谦逊

19世纪的德国哲学家弗里德里希·尼采不屑于谦逊这种美德，称其为"修道士的美德"，而他并不迷恋修道士。

尼采对谦逊的蔑视并不令人惊讶，因为他创造了**权力意志**这个词用来描述人类所具有的一种先天的内在倾向，即寻求凌驾于他人和自然之上的权力。他说，权力就是排除异己，在这个世界上为自己争取更多的空间、机会和事物。那么，你认为他会选择哪一种世界观：权力还是爱？

尼采是通过权力的视角来看待谦逊的。另一方面，如果我们通过爱的视角来看待谦逊，我们会看到什么呢？我们会看到，谦逊不是一种不断贬低自己的顺从姿态。

相反，它是对我们作为人的真实身份的现实评估。我们与所有人共享人性。因此，作为一个人，你并不比别人优越。当然，你可能是一个比别人更好的网球运动员或比别人更富有，但当说到人性，**我们都是一样的**。我们都需要爱、尊重和仁慈。谦逊说："作为一个人，我并不比任何人更差或更好。"谦逊不要求什么，也不构成威胁；谦逊是自己的事，并不干涉别人。

我最近读到一个关于谦逊的定义，它认为谦逊是对自身重要性的轻视。这就是谦逊吗？我并不这么想。谦逊不是扭曲一个人的重要性，而是恰如其分的自我评估。如果我不是一个优秀的网球运动员，那么承认这一点就是谦逊的。另一方面，如果我说我的生命价值低于他人，那么这就是一种扭曲，根本不是一种合理真实的评估。

现在我们来做练习。这个令你难以原谅的人是谁？他的生命价值是否因所做的事情而减少？他可能有需要改进的性格缺陷，那你是否也有需要改进的性格缺陷呢？用更清晰的、谦逊的眼光看待这个问题，并试着给出一个现实的评估。

不公正会发生在每一个人身上，而每个人也都会对别人做不公正的事。你和伤害你的人在这个问题上是一致的。

如果你觉得自己**优于**伤害你的人，那么你是否能够拓宽这种认知，即意识到你们每个人都拥有**相同**的内在价值？

你努力去原谅别人会让你变得低人一等吗？即使你需要更多的原谅练习，但这也丝毫不会削弱你的人格。你意识到了吗？

每天尝试对自己说三遍下面的话，或者用你自己的话也可以："伤害我的人和我有着共同的人性。如果我们有机会谈谈已发生的事，我不会让自己说出优于他的话。我会诚实，但同时也会尽量避免因优越感或自卑感而扭曲人的价值。"

谦逊会帮助你坚持这些陈述。

练习7：勇气

如果你只能在生活中选择四种道德美德，你会选择哪四种？你认为勇气是其中之一吗？苏格拉底在2000多年前就选择了它，他的观点至今仍然与我们同在。勇气是非常重要的，因为它可以帮助一个人坚持所有其他的道德美德。柏拉图在他的经典著作《理想国》中告诉我们，所有道德美德中最重要的就是正义或公平。如果没有公平，我们就失去了建立一个运转良好的社会的基础。勇气则帮助我们遵守法律，尊重家庭中的其他人，以及在工作中和所有团体开展公平竞争。

宽恕需要勇气。如你所知，有时候我们很难开始原谅那些对我们不公平的人，而勇气会帮助我们开始。

有时候，宽恕之旅很难继续下去，因为这是一种挣扎，而勇气会帮助我们。

勇气不是指在没有恐惧和沮丧的情况下高歌猛进。相反，勇气是指我们在状况不佳的时候继续前进。我们会带着一些恐惧、一些不适，甚至缺乏完成目标的信心。

现在进入下一个练习：回想一下你一生中的某个时刻，你需要鼓起勇气去完成一件事，并且成功了。花点时间让这个画面出现在你的脑海里。这个画面之所以重要，是因为它是真实发生在你身上的。当你不确定自己是否能应付时，它可以让你勇往直前。

现在反思一下你刚刚认识到的这个真理。试着使用这样的措辞："我在过去表现出了勇气。我有能力在现在和将来也表现出勇气。我会用勇气去原谅那些伤害过我的人。"你可以从承诺原谅开始，或者如果你尝试过但没有成功，那你就重新开始。

作为这个练习的补充，现在请把你内心的谦逊和勇气结合起来，思考一下，把这两种道德美德带到你的原谅之旅上。这两大美德的坚固组合可以确保你在原谅的过程中保持平衡。单单只有谦逊会带来不平衡，这会使你把自己置于比伤害你的人更低的位置上。单单只有勇气也会带来不平衡，这会使你把自己置于比伤害你的人更高的位置上。只有勇气但没有谦逊，往往会导致人们寻求权力去支配他人；而结合了谦逊的勇气会帮助你谦恭前行，而不被冲动所支配。所以，当你勇敢地做出继续原谅之旅的决定时，试着适当地谦逊一点，把伤害你的人视为与你平等的人。这一观点可以帮助你减少恐惧、增加自信，从而打开并通过原谅之门。

提醒 49

谦逊和勇气的结合可以帮助你避免过度的自我批评和对他人的过度批评。

练习 8：一次做一点

我们的世界是一个匆忙的世界。我们吃饭很快，听歌听一半儿就切到另一首歌，读书读三分之一就不读了。我们期待速溶咖啡、速溶燕麦片和立竿见影的效果。这不是我们进入原谅之旅的方式。我们需要慢慢来。

下面列出了迄今为止我们在原谅之旅中讨论过的一些主要问题。你的任务是确定需要在哪些特定问题上花更多时间。

- 你相信原谅对你很重要吗？如果答案是肯定的，那它有多重要？你对此有多确信？花点时间思考一下这个问题，作为获得信心的一种方式。
- 你现在对你心中所想的那个人有多愤怒？如果你非常生气，那么你需要放慢节奏，在面对内心的挣扎时，反复尝试第三章中的那些练习，给自己一个机会看到你的伤口有多深。伤口越深，你需要的时间就越多。
- 你开始看到那个伤害你的人在他成长过程中遇到的创伤了吗？你可能需要更多的时间来思考这个人童年的遭遇和所面临的挑战。
- 你花了多少时间去想象这个人在少年时期和成年时期的境遇？回顾这些可以帮助你对这个人形成一个更真实的、不容易褪色的印象。有时，虽然我们能看到他受伤了，但我们只是把他受过伤的事实放在一边，内心仍继续关注着这个人有多糟糕。你是否陷入了这样的内在对话？如果是这样，那就多花点时间在第四章的练习上面。
- 你在痛苦中寻找到了什么意义？你相信它有意义吗？你是否花了足够多的时间来练习寻找适于你特殊情况的真正意义？如果不是，那就多花点时间在第五章的练习上面。慢慢来，不要急于治愈。

练习9：练习耐心

你是否发现你会因为自己没有在原谅上取得更大的进步而感到恼火？这是一种内在的判断，会导致对自己的愤怒。你当然不希望再增加一个情感创伤，尤其是一个自己制造的创伤。所以利用这个练习来帮助你培养耐心的美德。它包括三个部分。

第一，用一个可能让人生气的例子，练习你的耐心。不轻易发怒；不轻易说出伤害对方的话，哪怕只是一句。当然，不要忽视那些需要纠正的不公正。当对方已经在为度过艰难的一天而困扰时，你的任务是保持耐心。

第二，观察今天所发生的对你来说不顺利的事情，检查你的内心世界，看看你是如何与自己对话的，然后对自己说："我要对自己有耐心。我不会在这件事上苛责自己。这只会增加我的痛苦，而我已经受够了。"你从耐心对待他人中学到的东西现在应该应用到你自己身上了。

第三，在原谅之旅中你也要如此，可以对自己这样说："这段旅程需要一些时间。我不急于求成，在前进的过程中，我要学会练习耐心的美德。"每次当你开始对自己失去耐心时，你要有所察觉，并重复这句话："我内心已经有很多伤口了。我要对自己有耐心，以免加重这些创伤。"

练习 10：策略性地利用时间

如果你能留出特定的时间去完成那些对你来说非常重要的事情，是不是会更好？例如，我们都知道，如果我们想定期在健身房锻炼，最好设定好健身的时间并坚持下去。在家务劳动上或其他工作上是如此，在原谅之旅中也是如此。

在这个练习中，思考你每周的计划和你每天的计划。你什么时候会用专门的时间来练习原谅？在这些天里，你每天都想花多少时间来练习原谅？

我建议你写一份时间表，甚至在你的电脑或手机上设置提醒，以确保你专时专用地进行原谅练习。

即使是做练习，你也要温柔地对待自己。

我们都知道，生活并不容易，所以有些时候你将无法如期实践原谅。不过，这没关系，不让原谅从你的思想和行动中消失就行。

练习11：了解并练习运用坚强的意志

劳伦斯意识到他做任何事情都没有坚持到底过，就连安装他家三间卧室的门，他也只装了一个，其他的就都不管了。他还参加过一个关于文字处理的在线课程，结果只上了三分之一的课。他的注意力持续的时间很短，也缺乏处理问题的意愿。

当他的伴侣伊丽莎白罹患癌症时，他参与了其漫长的治疗过程。

因为伊丽莎白行动不便，所以他们打了一辆面包车来到诊所。面包车的司机叫克里斯托弗，他也经历过一场相当大的生活挑战，由于一场严重的车祸，他差点死了。但目前他已经基本康复，只是说话还有点含糊不清，他现在走路一瘸一拐的，偶尔也会感到一点疼痛。他扮演起了伊丽莎白和劳伦斯（译者注：这里原文是克里斯托弗，但个人认为应该是劳伦斯）的教练。"我想让你们知道，在这个治疗过程中，"他开始说，"你们会想放弃。事实上，根据我的经验，你会到达一个临界点，然后你们会认为'不能再继续下去了'。我在这里告诉你，你可以坚持，你会继续走下去的。当你走到那一步，请记住我说的，你会召唤内心的力量。所以，当你到达那个临界点，你必须继续，你没有别的选择。"

克里斯托弗是正确的。伊丽莎白和劳伦斯确实到了无法继续下去的地步了。

两人都因伊丽莎白的癌症治疗而精疲力竭，劳伦斯本就脆弱的意志开始显露出来。然而，他没有忘记克里斯托弗对他们的忠告，他鼓起勇气，决定无论发生什么事都要继续前进。事实上，他确实给了伊丽莎白很大的支持，帮助她培养起了坚强的意志。最终她完成了治疗过程，而且到目前为止，效果很好。坚强的意志给他们带来了成功。

在这个过程中，克里斯托弗的话被证明是非常重要的。

现在轮到你了。下面是两个练习中的第一个，听听克里斯托弗对你说的话："我想让你知道，在原谅过程中的某个时刻，你会想要放弃。我在这里告诉你，你内心的决心比你意识到的要强大得多。给你坚强的意志一个闪耀的机会。你可以，也一定会朝着治愈的方向前进。"

对于第二个练习，思考一下在与原谅无关的领域有意识地培养和深化你的坚强意志。和劳伦斯一样，你也有一些家庭责任。列出本周你有责任完成的三个必要任务，把它们写下来，列好清单，确定好从哪一天开始，然后每天坚持。按照你所写的，努力完成你承诺要做的事情。时不时地回顾一下清单，看看当你完成这些任务时，你的坚强意志是如何发展的。当然，现在的关键是你要把这种坚强的意志运用到你的原谅任务中去。

坚强的意志会带来新的坚持不懈的行为，这是我们在第二章中讨论过的主题。从培养坚强意志的内在决心开始，然后让这种决心流向你的原谅之旅。请在你的旅行中，带上那些你在练习4中确定的能够支持你的人。

提醒50

拥有坚强的意志可以帮助你继续原谅，即使你累了，想要离开。

练习12：了解并练习承受痛苦

当遭受他人的不公时，如果你承受了这份痛苦，那么你就是在给周围的人一份礼物——不把愤怒、沮丧甚至仇恨传递给他们。很多时候，人们倾向于把自己的沮丧和愤怒转移到不知情的其他人身上。这些人，最终承担了施加不公之人的内伤，因为那个人拒绝承担自己的痛苦。

我在这里并不是说，保持沉默并把痛苦都藏在心里，或者压抑不健康的愤怒是有益的。这里的关键在于：发生在你身上的事情现在已经成为现实了。**事情确实发生了，你无法改变**。你从另一个人那里承接了一定的痛苦。你现在要怎么处理这种痛苦？你会把它扔给别人，希望它以某种方式离开你吗？或者你会接受这个伤害性的事件已经发生，但你并不会把痛苦传递给其他人？考虑用这种观点来承受痛苦。如果这对你有帮助，那么在接下来的一周，当你感到虚弱、不想继续原谅的时候，请再次思考。

　　"如果我现在可以承担这个痛苦，我就不会把它传递给其他人，尤其是那些与最初的伤害没有任何关系的无辜的人。我的愤怒可能会传递给无辜的人，而他们又可能把这种愤怒传递给别人，而别人又会传递给另一些人，这样我的愤怒就会代际相传。我想要那样吗？我是否希望我的愤怒在许多年之后仍继续存在？我可以阻止这一切的发生！我决定，今天我将承担我所经历的痛苦。我不会把发生在我身上的事情称为'好'的。它不是的。但我会尽我最大的努力去承担它，而且，当我现在接受它时，我所承受的痛苦似乎开始减轻了。这种痛苦不是永远的，我忍受这种痛苦可能有助于更快地减轻它。"

> **提醒 51**
>
> 当你承受发生在你身上的痛苦时,你可能是在保护其他人和你的后代免于面对你的愤怒。

练习 13:宽恕勇士是你的榜样

有时,了解并认同那些即使面临巨大的困难也依然勇敢前行的原谅者,会帮助你鼓起勇气继续你的原谅之旅。对于这个练习,我建议你与第一章提到的宽恕勇士们一起前行。重读他们的故事,用故事来为自己的原谅之旅凝聚力量。请为每一个特别感动你、给你原谅动力的故事,至少写下一句话。每一个勇士都是靠原谅和宽恕克服困难的,你也可以。让他们的成功事迹激励你朝着情感治愈的目标前进,也许,对于你们中的一些人来说,当你给予对方原谅,而另一些人也在寻求并接受你的原谅时,你们的关系就会恢复,破镜重圆是有可能的。

这是另一个宽恕勇士的例子,虽然他并没有登上新闻头条。你已经在第五章中遇到过乔赛亚了。他是当地高中的体育教师,也是校男子篮球队的教练。他曾想在截瘫后辞职,领取残疾津贴。但后来他决定继续工作,恢复自己工作的能力。他以试图宽恕那个撞到他车的人为起点。

他去找了一名律师，试图安排与肇事者会面，但那名男子拒绝了。所以乔赛亚甚至都没有看到他的脸，就开始了整整一年的原谅之旅，用来宽恕肇事司机所做的一切。乔赛亚认为那名男子之所以拒绝见面，是因为车祸和车祸造成的伤害令肇事者感到非常内疚，甚至给他带来了深深的负罪感。乔赛亚认为，肇事者因内疚所受到的折磨可能比乔赛亚自己致残所带来的伤害更严重。他能够宽恕这个人，并在不扭曲任何事实的情况下获得内心的平静。

　　在事故发生大约一年半后，肇事者亚当最终同意在两名律师在场的情况下与乔赛亚会面。会面时，乔赛亚得知亚当当时刚刚失去罹患癌症的儿子。悲痛中的他借酒消愁，导致注意力涣散，他承认他当时不应该开车。乔赛亚说，自己已经宽恕了他。这使亚当能够更加真诚地进行道歉。在某种程度上，这次会面让他们俩都有了一个新的开始。

　　乔赛亚继续担任体育教练——坐在轮椅上进行指导。起初，他对坐在轮椅上从事这种职业感到有些尴尬，但每当听到任何负面的评论时，他都能立即开始宽恕那些缺乏理解和同情的发言者。

　　尽管面临种种挑战，他还是成功了。

练习14：原谅他人胜过原谅自己

这个练习利用了原谅的另一个悖论。当我们走出自己特定的利益领地，向他人伸出仁慈之手时，我们的感觉会更好，即使目前看来这似乎没什么道理可言。正如在给予的时候，作为给予者的我们会有更好的感觉。这就是这个特殊练习的矛盾之处。

在这个练习中，请你对自己说——前提是你准备好了："我正在原谅伤害我的人。这个人是一个受伤的人，我正在做我能做的。也许我的原谅会引起他的注意，也许这将是他改变的开始。"试着每天说三次，直到这个想法成为你的一部分。

要内化这样的观点需要时间，因此你需要有内在的温柔、坚强的意志和毅力。如果这个特别的练习对你来说是合理的，那么就不要放弃。

如果你可以，请坚持这个观点，因为这是原谅最深刻的意义之一。

练习 15：必要时，修正你对权力和爱的看法

让我们再一次思考一下第二章中的内容，深入分析当你难以原谅时，你是如何与自己对话的。如果你坚持权力的观点，那么这种立场很可能会阻碍你获得满意的原谅。在这个练习中，请你检查以下关于权力和爱的观点，看看你会站在哪一边。

- 权力说："我必须在原谅的过程中坚持下去，并实现它。"
  爱说："我不完美，我必须尊重原谅的过程，即使这需要时间。"
- 权力依附于怨恨。
  爱希望结束怨恨。
- 当权力不再执着于怨恨时，它不希望留下任何愤怒或内心的混乱。
  爱意识到这样的愤怒会回来，并且不会因此而不安。
- 如果你没有完成原谅的过程，权力会让你感到自卑。
  爱提醒你，原谅需要时间。
- 权力怂恿你不要宽恕。
  爱认为宽恕是非常宝贵的。
- 当权者想要报复。
  爱选择承受，因为它知道你们在共同的人性中是平等的。

你是否一直在通过权力或爱的角度看待你的原谅之旅？原谅不是一蹴而就的，即使在尝试一段时间后，可能仍有些愤怒，这只是表明你是个人罢了。你已经遭受足够多的痛苦了，不需要超额付出。事实上，任何在原谅之旅中的进步都是进步，给自己鼓劲吧。

练习 16：在牺牲中寻找意义

当你为他人牺牲时，你所做的远不止服务于他们。他们的内心可能在流血，而你在用淌血的心来帮助他们止血。例如，布莱恩的母亲约兰达对他和他的伴侣西蒙妮控制过度。布莱恩没有选择和约兰达保持距离，而是花时间温柔地给她做榜样——通过一些事例让她明白，她还没有接受儿子在成年后独立的事实。这需要费很大的力气，布莱恩要控制住自己的愤怒，不让它泄露给母亲，同时还要忍受一些痛苦才能让她明白。

当然，我们在这里也要平衡节制，牺牲并不意味着伤害自己。但常常是当你为他人做出牺牲时，你也会体验到情感的治愈。

弗兰克博士在他的《活出生命的意义》一书中，提供了一个在为他人牺牲中发现意义的案例，这个例子并不是关于原谅的。我在这里提到它是想让你们能看到，"牺牲"是如何起作用并成为对牺牲者的一种帮助的。一位上了年纪的内科医生来找弗兰克博士，因为他的妻子两年前去世了。弗兰克博士发现他存在心理抑郁，便问他："如果你是先走的人，你的妻子会怎么样呢？"这个问题引导这位内科医生拓展了一个更大的视野。

如果他先走了，那么去找弗兰克博士治疗抑郁症的就会是他深爱的妻子。由于她先走了，她就避免了多年的悲伤。这位内科医生这时才明白，他可以心甘情愿地为妻子承担痛苦。

弗兰克博士带给读者一个值得牢记的见解：**一旦牺牲与一种合理的意义联系起来，牺牲就会改变。**这位内科医生现在找到了继续活下去的意义，他愿意接受自己比妻子更长寿，因为他爱她，希望她不会受到伤害。

再以莉娅的故事为例。她已经和德雷克结婚五年了。在那段时间里，德雷克的情感生活是在挣扎中度过的。在母亲去世后，他开始酗酒和赌博，并从夫妻共同的储蓄账户和她父母那里偷钱。莉娅三年来一直试图让德雷克和她一起接受治疗。最后，在德雷克的坚决拒绝下，治疗师建议他们离婚。然而，莉娅为了德雷克选择了顾全大局。因为德雷克为了娶她，离开了自己在西海岸的家人，搬到了莉娅居住的美国。她明白，如果他们离婚，德雷克就没有人可依靠了。

她在德雷克身上看到了一线希望——他开始意识到酗酒、赌博和偷窃行为是错误的，是有害的。但他不知道该如何停下来。

虽然莉娅没有得到保证，但她愿意牺牲自己现在的幸福来换取重新开始一段恋情的可能性。

治疗师对她的观点提出了质疑，告诉她，德雷克表现出一种周期性的模式，先是虐待，然后是忏悔，然后是再次虐待。治疗师认为这种模式不会改变。

然而，莉娅决定和德雷克一起努力，原谅德雷克的母亲在他成长过程中对他不断的批评。在德雷克的成长过程中，他的母亲很少对他表示肯定（更不用说表扬了），因此，他觉得自己不配作为一个人。事实上，他厌恶自己。当莉娅帮助他原谅母亲后，德雷克便开始解决自我憎恨的问题。他努力宽恕自己对他人的所有虐待，而这些正是他童年遭受虐待的直接结果。

最终，整整过了一年，德雷克的仇恨消失了，他的酒量减小了，并完全停止了赌博。莉娅救了德雷克的命，也挽救了他们的关系。她的牺牲是宽恕了德雷克，与他并肩作战，治愈他们受伤的心。当然，并不是所有的恋情都像德雷克和莉娅这样有一个幸福的结局，尤其是当其中一方或双方都拒绝改变的时候。在这种情况下，双方都需要改变。德雷克必须减少对母亲和自己的仇恨，莉娅也必须减少对德雷克的怨恨。如果没有弗兰克博士在审视自己生命意义时发现的这种牺牲态度，莉娅的人生道路就会不同。我听到有人说："你说得对，但如果抛弃了他，她早就摆脱痛苦了。"但莉娅现在并不这么认为，是她让一段极其困难的关系得以维持，她克服了一切。她知道自己在这一转变中发挥了作用，所有这些都为她的生活增添了意义和内在的幸福。

现在来看这个练习，它有两个部分：

1. 你能看到一种合理的牺牲态度是如何帮助你去原谅和克服怨恨的吗？我说的是在合理的范围内，因为过犹不及。如果一个人拒绝听你说的话，或者拒绝接受你的牺牲姿态而开始利用你，那么你就需要重新审视自己的方法了。这些方法都不是万无一失的。如果你从牺牲的态度和相关行为中看到了益处，那么你的具体计划是什么呢？把它写下来，同时也思考一下这些问题：你会做哪些你很难做到的事来服务他人？对于这项承诺，你会坚持多久？你有没有看到哪怕一丝变好的迹象，就像莉娅在德雷克身上看到的那样？在这个过程中一定要注意你能够应对的程度，这样你的牺牲才不会导致更大的怨恨。如果这种情况在一段时间后开始发生，那么，是时候重新评估你所使用的这种特殊的方法了。另一方面，如果你觉得这样做是有效的，那么就尽可能地坚持下去，只要对方愿意和你一起改变。

  2.在这部分练习中，思考一下如果没有你的原谅，那个人可能永远不会好好生活的可能性。你可能在帮助他成长的过程中发挥了作用。这意味着什么呢？他有机会看到什么是真正的爱。你牺牲的方式甚至可能会挽救这个人的生命。当然，你不希望这种牺牲对自己造成伤害。相反，这里的重点是，当你在合理的范围内奉献自己时，这种奉献可能会被证明是对你情感的治愈。当你准备好了，写下你是如何治愈他人的。

提醒 52

  牺牲是在合理的范围内向他人伸出援手，即使这样做会让你感到不舒服。

练习 17：从一个更简单的练习开始

如果你已经读到了这里，仍然很难原谅一个特定的人，那么也许是时候退一步，开始原谅另一个人了。

让我们回到我之前在书中提到的"练习者"。

这里的重点是培养你的原谅能力，而不是先去负重。

我建议你暂时先把你一直努力原谅的对象放在一边，转而去原谅这个"练习者"，直到你得到内心的解脱，并能真正地说："我原谅了这个人。"

记住，你不需要完全地原谅他，你可能还会有一些愤怒，但如果你控制住了愤怒，那么你就等于已经完成了此次原谅之旅。然后，再转向那个你觉得难以宽恕的人，去经历同样的过程——现在你已经更加熟悉了。

练习 18：从另一个可能更难原谅的人开始

在第四章中，我提到有时我们必须把对一个人的原谅放在一边，因为也许是另一个人在妨碍我们进行原谅。现在我们必须回顾验视那个根源性的人物。这可能有点奇怪，因为我刚刚才让你选择一个更容易原谅的人。

实际上，我并没有自相矛盾。我建议，当你发现原谅别人很难的时候，退一步，试着原谅那些更容易原谅的人。如果你通过这种方式获得了信心，那么现在是时候去挑战那个最需要你原谅的人了。这里有一个例子。

以莉娅和德雷克的关系为例。如果德雷克从原谅自己着手，他可能会发现，当他试图自我原谅时，他母亲的形象会突然出现在他的脑海中。为什么呢？因为他和母亲之间的不健康关系造成了他巨大的内心痛苦，他用酗酒的方式来暂时阻断这种痛苦，所以每当他回想起自己酗酒时，他的母亲就会出现在他的脑海里，责骂他，收回对他的爱，让他觉得自己很渺小。当这样的形象在他的脑海和心中出现并激起他的愤怒时，要他对自己产生仁慈之心谈何容易。

如果他能先减少对母亲的愤怒，让这种情绪在一定程度上平静下来，不被额外的愤怒所阻碍，那么他的自我原谅将会更有效。

你可能在原谅某人的旅途中突然想到另一个让你极度愤怒的人，使你无法集中精力去原谅前者。如果你正处于这种情况，那么识别谁是最难原谅的那个人就很重要了。你有多愤怒？你认为先宽恕这个人会让你更自由地去原谅前者吗？

如果上一个问题的答案是肯定的，那么也许是时候放下你最初的计划，先原谅眼前的人，再去处理你最初决定原谅的那个人。这会让你的原谅之旅更为顺利。

练习19：将你的原谅之旅交给"至高无上的力量"

你可能听说过"匿名戒酒会"，这里的会员被鼓励把他们的渴望、诱惑和治疗交托给"至高无上的力量"。"至高无上的力量"是一种通俗的泛称，可以涵盖许多不同的信仰。

当一个人感到无力原谅别人时，也可以采用同样的方法。1986年，精神病学家理查德·菲茨吉本斯在美国心理协会（American Psychological Association）的期刊上发表了一篇文章，推荐将这种方法用于处理一些特别困难的宽恕案例。当人们似乎无法通过心理疗法来释放他们的愤怒时，这种"至高无上的力量"被证明是非常有用的。

如果你有一个超越物质世界的信仰体系，你愿意把你的怨恨交给"至高无上的力量"（你可以使用适合你的名称）吗？你是否愿意放弃你的感觉，并相信你会在旅途中得到帮助？这并不是建议你被动地放弃自己所有的努力。当你需要时间休息和获得力量的时候，你可以全然地交托给"至高无上的力量"；而当你感觉重获力量时，就与它再度合作，完成你需要做的事情。

练习20：当无法理解不公正的时候

有时候，不公正是如此残酷，深深地刺进我们的内心，以至于我们无法理解究竟发生了什么。当人们面对这种残忍的行为时，他们很可能会感到困惑和恐惧。他们开始好奇这个世界到底是怎么回事，他们质疑所有人的动机，他们质疑"至高无上的力量"是否存在，也可能背离自己的信仰。

在不公正的事情发生之后，面对这个世界上难以理解的残酷的问题，会比最初的不公正更令人受伤。我之所以这么说，是因为这种严重的不公正会导致人们对人性、对朋友的动机，以及对幸福的可能性都产生悲观的看法。

当一个人被这个世界上极其残酷的问题击败时，我喜欢给出这样一个答案：我们都有自由意志。一个人决定做坏事并不意味着所有人都会选择以同样糟糕的方式行事。在这个世界上，正义形式的善确实存在，自由意志也是如此。我们必须谨慎地对待这一观点——所有的事都超越正义和秩序，世界上没有真正的善。这种观点可能会使人陷入绝望。

现在来练习一下：你是否（至少现在是）因为某人的残酷而对人的良善失去信心？这令人无法理解的不公

正是否摧毁了（至少现在）你对"至高无上的力量"的信仰？在绝大多数宗教中，出于对每个人个性的尊重，"至高无上的力量"允许个人自由意志的表达，所以在我们的世界里，糟糕的选择被认为是不可避免的。你是否意识到了这一观点，或者你完全反对这种观点？如果是这样，它对你的健康幸福有好处吗？这个世界的残酷性、至高无上的力量、你对两者的回应，以及你对艰难的原谅之旅提出的问题是很重要的。有没有可能是你的世界观，包括你所认为的难以理解的不公正以及它在这个世界上的运作方式，使你感到更加愤怒？

提醒 53

如果你相信"至高无上的力量"，那么不要因为有人与你为敌而背弃它。

关于难以原谅的问题

问题 1

我已经做了练习,但仍然不确定我是否能够原谅伤害我的人,因为我仍然很愤怒。我现在该怎么办?

在第三章中,我指出,你的创伤之一可能是对自己治愈情感的能力缺乏信心。我提出这个问题,是因为它可能在你的原谅之路上阻碍着你。检视一下,如果你缺乏自信,请回到练习17,选择一个更容易原谅的人开始练习。当你在获得一些成功时,你将更有能力去原谅那些特别难以宽恕的人。

问题 2

我已经为原谅努力好几个月了,但仍然很愤怒。我认为这种愤怒是我没有做到原谅的一个表现。你能帮帮我吗?

这个问题与上一个问题的不同之处在于:在第一个问题中,这个人在与自信作斗争;而在这个问题中,这个人在与剩余的愤怒作斗争。针对这个问题的回复是:你有多愤怒?它在控制你吗?如果没有,如果你感到你的愤怒减少了,那么你正在朝着正确的方向前进。

我们必须小心谨慎,不要在原谅之旅中期待完美。是的,对有些人来说,愤怒会完全消失,而且很少(如果有的话)再度出现。而对另一些人来说,愤怒会来回波动。重要的是要评估当愤怒再次出现时,它会有多强烈。如果它是中度的(过去非常强烈),如果它持续的时间较短,你就该对自己温柔一些,不要过度强求。已故的刘易斯·斯梅得斯在他的著作《原谅与忘记》中强调："当你祝福别人时，你知道你是在原谅。"你是否还有一些残余的愤怒，但仍然希望对方过得好？如果你的回答是肯定的，那么你就已经在原谅了，你要相信自己。

即使困难，也要面对未来

如果你一次又一次地坚持和实践原谅，你会发现，原谅变成了一个你熟悉的朋友。原谅不是一种技能，它是一种道德美德，在你成长的过程中，会给你提供很多帮助，这其中还是有一定技巧存在的。当你练习原谅时，原谅的心会变得更敏锐，你会更容易在痛苦中找到美好而真实的意义，你甚至会逐渐认识到痛苦的真实样貌，它不再是一个可怕的谜。当你练习原谅的时候，你会成长为一个更具信心的原谅者。你会意识到，即使遇到难以原谅的状况，一旦你成为一个原谅者，你也可以更快地进入原谅的旅程，并且获得更令人满意的结果。

现在我们来到了下一章，许多人认为这是"难以原谅"的一部分——自我原谅。

Chapter
07

学会自我原谅

那个伤害你的人……

把他的不幸传递给了你

在你心里留下一片狼藉

你会……

现在把这种不幸传递给别人

让他们自己来清理？

或者，你会……

原谅，并停止不幸及混乱的传递？

哦……而伤害你的人就是你自己。

由于某种原因，我们现在面对的这把锁要比前六扇门上的锁更难打开一点。也许是因为我们大多数人对自己比对他人更加严格。现在的焦点是你自己。正如你将看到的那样，本章的重点都集中在你自己身上——当你违反了自己的是非标准时，你对自己的伤害。你无须感到孤独，地球上的所有人都是如此，我们**都曾**打破自己的标准。在我们开始自我原谅的工作前，让我们来看看佩德罗和詹妮弗这两个人的生活。

佩德罗今年 47 岁，拥有一家景观公司，但他的内心一直备受折磨。他对自己与已故父亲的交往方式感到遗憾。他曾指责父亲毫无价值可言，并且离家出走。当佩德罗回来时，他的父亲完全不理他。现在他的父亲已经去世了，佩德罗无法直接求得父亲的原谅，他被自己年轻时所做的不成熟选择困住了。

现在佩德罗的两个孩子已经长大成人并离开了家，他的痛苦与日俱增。他后悔在孩子们年幼时没有花足够多的时间陪伴他们。他曾如此忙于生意，以至于每天很晚的时候才疲惫地回到家，无法给予成长中的孩子们所需要的关注。他现在觉得他从来没有与孩子们建立过健康的亲子关系。孩子们很少回来探望他也印证了这个观点。佩德罗认为他与孩子们之间有一道毫无希望跨越的鸿沟。

佩德罗无法收回他对自己父亲说过的话。他也无法挽回那些本应陪伴孩子们的"被偷窃的时间"（他如此描述）。他说自己被困住了，并因自己每天承受的遗憾而憎恶自己。

佩德罗并没有像他想象的那么绝望。如果他能做到自我原谅，他便有希望重建与孩子们的关系，并获得更大的自我接纳。

22 岁的詹妮弗是一名办公室助理。她所居住的城市消费水平很高，她的工资不足以支付生活支出。作为财务账簿的保管人，她开始每周贪污少量的钱。在两年的时间里，她从公司里偷来了几千美元。

她现在已经结婚了，并且有了一个孩子，对于自己多年前的不成熟行为，她深感内疚。虽然公司并没有因她的贪污而受到影响，但詹妮弗很清楚，那不是她该拿的钱。当她把这件事告诉自己的丈夫时,她感到十分羞愧。已离职多年的她没有向公司的股东们提及此事,她担心当她需要再次求职时,可能会因此得不到推荐信。在试图成为一个好妻子和好母亲的同时,詹妮弗却厌恶自己,并忍受着极度的内疚,而这种内疚似乎没有解决的办法。作为一个有宗教信仰的人,她曾请求上帝宽恕她,尽管她觉得祈祷有用,但仍然无法摆脱耻辱,特别是因为她并没有把贪污的钱还上。她觉得她需要做些事,否则自己就会情绪崩溃。最终,她考虑原谅自己的偷窃行为。

你应该知道,这个主题——自我原谅,在心理学文献中是有争议的。因此,我的第一个任务就是让你看到这个争议和我对它的回应,然后你再决定自我原谅是否适合你。如果是的话,那么你可以进行一系列的练习来帮助你原谅自己的不公正行为。

围绕着自我原谅的争议

自我原谅之所以存在争议,主要是因为一位受人尊敬的同事保罗·维茨和他的合著者詹妮弗·米德在 2011 年的《宗教与健康》杂志上发表的一篇文章。[1] 在那篇文章中,作者至少用六种方式批评了自我原谅。对此,我们将在这里逐一讨论,此外,我还加入了最后的第七种情况。如果你担心没有自我原谅这样的东西,或者认为这是一种不恰当的原谅方式,那么我强烈推荐你阅读接下来的七个部分内容。这些内容会变得相当富

---

1 维茨,P.C., & 米德,J.(2011). 心理学与心理疗法中的自我原谅:批判. 宗教与健康杂志,50,248–259.doi:10.1007/s10943-010-9343-x.

有哲学性，因为要想解释清楚，我必须如此回应。或者，你已经确信，当你打破自身的道德标准时，自我原谅是合理且适当的，那么请继续移步到"那么，什么是自我原谅？"部分。

现在让我们一起思考对自我原谅的每种批评。

对于宗教人士来说，他们并没有得到任何自我原谅的指示

维茨和米德指出，自我原谅本身是并不重要或不恰当的，因为没有任何古代文献记录鼓励人们宽恕自身。然而，在我看来，古代的文献中似乎有一些关于自我原谅的指示。例如，在希伯来《圣经》中，尤其是在《利未记》中，人们被鼓励像爱自己一样去爱他们的邻居。这一指示在基督教的《新约》中得到重申，特别是在《马太福音》和《马可福音》中。这个指示中隐含的假设是，我们确实爱自己，这种自爱应该作为对邻居施以同样爱意的基础。所以重要的一点是，这些教诲的假设是**我们爱自己**。我们原谅别人又指的是什么呢？就是去爱那些冒犯了你的人。如果你冒犯了自己、当你感受不到爱的时候，再次**爱**自己不是再合适不过了吗？答案似乎是肯定的。我们要**爱自己**，当我们深深地冒犯了自己时，要努力重拾对自己的爱，在这种情况下，需要鼓励自己进行自我原谅。

自我原谅把人"分裂"成一个好的自我和一个坏的自我

维茨和米德提出了一个具有挑战性的说法：当一个人进行自我原谅时，他看到的是一个好的自我（原谅者）和一个坏的自我（作恶者）。他们认为，自我在心理上被一分为二——好与坏，这让自我原谅者感到困惑，导致心理上的不健康。

作为回应，我请你考虑一下这些问题：一个人的人格与一个人的行为有重要的区别吗？我们都会不时犯错，经常做出令自己后悔的行为，不是吗？当我们做出那些令自己后悔的行为时，我们会说这是我们的"坏的自我"干的，还是更准确地说是我们做得不好呢？你能分辨出谴责自我和对行为本身感到失望之间的巨大差别吗？在我看来，维茨和米德提出的观点，不是关于自我原谅本身的，而是关于它是如何被扭曲的。当我们准备原谅自己时，与其说"我是一个坏的／毫无价值的／愚蠢的人"，不如说"我做了一些坏事，尽管我有些纠结和不完美，但我仍然有内在的价值"。毕竟，当我们原谅别人时，我们并不觉得他们是坏人，而是因为他们做了坏事。我们的任务是原谅自己并看到自己的内在价值，就像当我们原谅他人时也看到了他们的内在价值一样。

自我原谅难道不是一样的吗？我们并没有把人格和行为分开而创造了两个独立的自我。在我看来，如果人们创造了两个独立的自我——一个好的和一个坏的，他们就会进行一种错误的自我原谅，这是需要被纠正的。一个人误解了自我原谅的概念，并将自己"分裂"为好的自我和坏的自我，这并不是自我原谅的"错误"；当一个人因为"坏"的行为而没有认识到自己的内在价值时，这也不是自我原谅的"过错"。"分裂"这个错误的观点源于对自我的错误心理认知，因此这种批评不适用于我们这些希望进行自我原谅的人。

自我原谅中潜藏着既当法官又是被告的利益冲突

维茨和米德的突出观点是，当我们做错事时，我们不应该成为自己的法官。例如，假设有人因汽车盗窃出庭受审，如果法院允许该人对自己有罪或无罪作出判决，那将是令人发指的。他们的结论是，自我原谅是错误的，因为一个人既是被告（做错事的人），又是法官（让自己摆脱困境的人），这是一种利益冲突。

然而，对其他人的原谅可以发生在法庭上吗？绝不可能。是的，有人可能会观看法庭听证会并进行原谅，但法官永远不会原谅，因为法官必须是公正的。倘若连法官都要去宽恕和原谅，那么这意味着他被冒犯了，他就不应该审理这个案件。

当我们原谅他人（而不是自我）时，我们不会表现得好像有能力给予惩罚或者宣判无罪一样去凌驾（评判）对方。相反，我们在行使一种仁慈的美德，试图爱一个不爱我们的人、一个对我们不公平的人。我们难道不能在自我原谅方面也这样做吗？不要把原谅的行为放在法庭上，因为这实际上扭曲了原谅的本质。

当我们自我原谅时，我们并不是逃避对自己的惩罚，而是试图去爱自己，这样我们就可以摆脱对自己的憎恨，自我憎恨本身似乎是对我们自己的一种"分裂"（把自己看成是一个既值得被爱又应当被恨的人）。所以在这种情况下，自我原谅实际上可能是在减少"分裂"的扭曲心理，并帮助人们以一种更有爱的方式与自己"生活"在一起。

总之，当我们自我原谅时，我们并不是在法庭上。我们正在尽我们最大的努力重新建立一种因为我们的行为而失去的对自我的爱。

自我原谅会扭曲公平的自我补偿

这一观点直接源于一个断言，即一个人不能成为自己的判断者，因为他不能清楚地知道什么是好的补偿（好的补偿是指可以解决这个问题的良好且公正的回应）。正如我们所看到的，作为仁慈的一个方面，原谅本身并不是要求伤害过我们的人向我们提供补偿。当我们提出这种要求时，我们已经从行使仁慈和宽恕转向了行使正义的美德。因此，当我们自我原谅时，我们并不会要求自己得到补偿或修复我们对自己所做的错事。

当我们要求别人修复他们对我们的所作所为时，我们会扭曲我们的诉求，那这种扭曲的危害与我们要求自己补偿自己时产生的扭曲有什么不同吗？每当我们受到别人的伤害时，出于愤怒，我们在某种程度上会夸大所需补偿的种类和数量。

为了帮助我们求得尽可能公平的解决方案，我们可以寻求别人的建议。我想说的是，当我们自己做出决定时，补偿从来都不是一个明智的决定，尤其是当我们愤怒的时候。

最后一点是，我们总是针对自己的缺陷进行自我评价。例如，假设你有吃得太多、锻炼得太少或对别人不耐烦的倾向，你是否会停止自我努力？或者因为不知道自己究竟有多不完美，而缺乏自我改进的动力？自我原谅还包括自我改进，当我们未能如期地爱自己，甚至对自己的行为感到失望的时候，我们尽力（1）看到我们冒犯了自己的事实，（2）认识到我们要做的是迎接自己回到真正的人性，而不是开始自我厌恶，和（3）在回到充满人性的感觉的同时，重新开始爱自己的过程。

自我原谅是对自我的一种极端强调，它会导致自恋

假设你出了一次事故，你的腿被深深地割伤了，需要缝几针。你会集中注意力在伤口上，投入精力去急诊室，花时间和精力来愈合伤口，这难道是"极端的"吗？当然不是。事实上，专注于处理这种身体创伤，无论从心理上还是身体上来说都是健康的。

当另一个人对你很残忍时，如果你专注于原谅那个人的过程，投入时间和精力来治愈你的情绪，这是极端的吗？当然不是。这是一种健康的反应。

然而，有时候即使是这些为了治愈自己的腿和修复因他人不公正行为而受损的情绪的尝试，也会被认为是不健康的行为。例如，假设在清洁和包扎腿上的伤口时，原本仅需 15 分钟的工作，你却每天花 10 个小时在上面。假设你在试图原谅别人时忽视了你的家人，躲在自己的房间里，强迫自己进行原谅。相对于一种健康的身心治疗方式，这些行为显然是失衡的。

难道这种情况和自我原谅就不一样了吗？我们不应该每天花 10 个小时在自我原谅上面，也不应该忽视家庭，躲在自己的房间里，只关注自己。这不是自我原谅的"过错"，而是对自我原谅的扭曲。同样，维茨和米德为我们提供了有用的信息：**过犹不及**。

出于对感知生活全貌的需要，我们可以从适当的角度进行自我原谅。相比照顾受伤的腿或修复被他人不公平行为伤害的情绪，自我原谅不会导致更多自恋的自我追求。我们每个人都可以通过原谅这个人、原谅那个人或者原谅我们自己而获得原谅的美德，在这个原谅的过程中，我们并不会"分裂"自己的个性、让自己摆脱正义的制裁，抑或是迫使自己陷于过度的自我关注。

与其进行扭曲的自我原谅，不如尝试自我接纳

在最终的分析中，维茨和米德呼吁采用一种完全不同的方法：自我接纳，而不是自我原谅。在我看来，如果他们觉得自我原谅有这么多缺点，那么自我接纳也存在着完全一样的缺点（除了一点）。毕竟，对于信奉宗教的人来说，古代经文中并没有关于自我接纳的说明，就像没有关于自我原谅的说明一样。

当进行自我接纳的时候，我们难道不能把自己"分裂"成不被接受的部分和被接受的部分吗？当我们进行自我接纳时，我们不还是需要修复我们对自己造成的损害吗？这种自我补偿不也像我们自我原谅时的补偿一样容易被扭曲吗？对自我接纳的追求是否会导致对自我的极端关注，特别是在我们很难接受自己的时候？

唯一的例外是利益冲突的问题。因为一个人在自我接纳时不是法官，从而避免了利益冲突。然而，正如我在上面指出的，人们在进行自我原谅时也不是法官。

在我看来，关于自我接纳的最后一点是，进行自我接纳可能非常难，甚至比自我原谅更难，因为接纳并没有像原谅那样精心设计的心理过程。你能想象要求性侵案的受害者接受施暴者对她所做的事情会有多困难吗？当自己冒犯了自己时，为什么会有所不同呢？我认为，当我们因为违反自己的道德标准而使自己震惊时，我们需要比接纳更有效的药物，而原谅就是一种效力强大的药物。这就是为什么当有人拒绝自我原谅时，我会如此担忧。倘若这些对自我原谅的批评有足够的说服力，能够证实它是危险的、不恰当的，甚至是一种幻觉的话，那么我就会抛弃自我原谅这个观点。但正如你从我对自我原谅的批评的反驳中所看到的，我并不认为自我原谅存在这些缺陷。

提醒 54

关于自我原谅不恰当或具有心理危险的警告似乎建立在对自我原谅错误的认知上，而并非自我原谅本身。

与其寻求自我原谅，为何不进行一种温和的自爱呢？

虽然维茨和米德没有提出这个观点，但它直接来自他们的讨论，所以我们应该检视它。在我看来，在我们被自己深深冒犯的特殊背景下，自我原谅恰恰就是一种平衡的（不是自恋的）自爱形式。毕竟，当我们考虑原谅别人时，我们实际上正在尽力去爱他们。我们只有在受到这个人不公正对待的前提下，才将其称为原谅。所以当我们在受到别人不公正对待和伤害却试着去爱他们的时候，这就是原谅；**当我们在受到自我不公正对待和伤害而试着去爱自己的时候，这就是自我原谅。**

那么，什么是自我原谅呢？

我们刚刚看到，当你进行自我原谅时，你不会把自己"分裂"成好的一半和坏的一半。从象征性意义上来说，你也并没有进入一个由你担任审判法官的法庭。尽管你在努力追求自我改善，但是你并不是在进行自我补偿。你并没有沉迷于自我，更没有陷入自恋。相反，你正在超越自我接纳，转向更深层次的自我疗愈。

当你进行自我原谅的时候，你正在对自己练习培养仁慈的美德。接下来的这一点非常重要：你不断地操练各种美德，比如对自己公平（正义的美德），照顾自己（善良和智慧的美德），在学习新事物时对自己保持耐心。如果你能对自己实践所有这些美德，为何要让别人阻止你远离最重要的道德美德——在面对失望、遭遇责难和自我憎恨时，爱你自己呢？

当你自我原谅的时候，你是在努力地爱自己，而你却因为自己正确的行为感到困惑。面对那些伤害了你的人，你可以充满善意，那么面对自己，你诚然应该认识到：你是具有内在价值的，即使做出了错误的行为；你是谁比你做了什么更加重要；即使你是不完美的，也可以并且应该像尊重他人一样尊重自己；你做错了，就需要纠正你对别人犯下的错误。在自我原谅中，你绝不是（据我所见）仅冒犯了自己，你也冒犯了他人，所以自我原谅的一部分是努力寻求对方的原谅，纠正自己对他们犯下的错误（在现有条件下尽自己最大的努力去做）。

正如维茨和米德讨论的那样，这并不是自我补偿，而是对他人的补偿。因此，在我们原谅他人和原谅自我之间有两个区别。在后者中，你寻求那些被你伤害的人的原谅，你努力为他们争取正义。

提醒 55

自我原谅包括寻求原谅，并补偿那些被你伤害的人（这些行为同样伤害了你）。

练习1：在自我原谅之前：你的自我判断力会过于苛刻吗？

正如维茨和米德所指出的那样，我们会夸大和扭曲自我原谅的过程。其中一种扭曲是认为你的不当行为比实际情况要糟糕得多，比如下面的例子：玛丽的母亲去世后，玛丽几个月来一直认为自己为母亲做得不够多。尽管玛丽将临终的母亲带回家中照顾了一年，但她仍被内疚所困扰，甚至开始回忆起自己小时候的不当行为，那些让她母亲格外头疼的调皮捣蛋。

玛丽在悲伤中一直在自己身上寻找完美，却没有找到，她所谴责的仅仅是每个人都有的小毛病，而并不是真实的不公正。这种扭曲的想法可能会在挚爱之人去世时产生。**哀悼的过程可能会让我们重新想起自己多年前的不当行为**。这些不当行为藏于我们内心的阁楼深处，只有当我们追忆逝者以及思考如果曾经怎么做了才对他们更好时才会被回忆起来，我们想收回一些我们说过的话或做过的事情。

然而，有时这种哀悼最终会**放大**我们作为人类的不完美，所以这个时候并不是自我原谅的最佳时机。相反，我们需要的是对这些不完美进行更清晰的评估，觉知自己的良好意图，以及得出"我们现在正反应过度"的结论。

在你进行自我原谅之前，如果你夸大了自己的行为，**把人类共有的缺陷当成是自己特有的缺点，那么你应该**

努力让自己摆脱内疚感。 这并不是为了让你低估真正的不公正现象,而是希望你允许自己放下那些对自己的错误指责,这种放下需要智慧和勇气。你愿意放下那些应该放下的东西吗?只有在真正违反道德标准的情况下,你才应该自我原谅。

今天,不要让"要是我做得更多就好了"这句话总是在你脑海里回荡,是时候让自己获得自由了。请把你脑海里的那句话换成:"我不完美,但这并不意味着我是一个坏人。"现在,在自我原谅的旅程上出发吧。

练习2:选择一个真正需要自我原谅的事件

在这个练习中,选择一个你违反了自己的标准,并对自己感到真正内疚和失望的合理事件。

该事件是何时发生的?

你做了什么违反自己是非标准的事?

从1到10给自己的失望程度打个分。

如果你打了5分或更高,那么就代表着你选择了一个需要自我原谅的事件。

现在是下一个练习。

练习3：这种令人失望的行为造成了哪些后果？

正如你从原谅他人的过程中知道的，当不公正发生时，会产生某些后果，比如愤怒、疲劳，对所发生的事情过于关注，甚至改变对自己的看法。当我问你一系列问题时，你可以记录下来，或者仔细思考一下该行为所产生的影响。

1. 你对自己有多生气？同样，使用1-10的评分量表。如果你给你的愤怒评分为9分或10分，那么你必须决定是否需要一些专业的帮助。有时，当我们的情绪激烈而持久（例如，两周以上）时，我们需要专业帮助。

当佩德罗开始原谅自己对父亲和孩子们的行为时，他对自己的愤怒程度评估为8分。他并不喜欢他自己。他知道，在解决有关父亲和孩子的问题时，他必须保持耐心，一次解决一个问题。重要的是你也应该进行同样的操作，只关注一个事件（从练习2中的那件事开始），这样你就不会被这一系列的练习所淹没，并可以在这条自我原谅的道路上休息一下。

一定要注意维茨和米德的建议，不要过度关注自己，这是不健康的。把这一系列的练习看作是你整体生活的一部分，而不是在未来的几天或几周里的唯一任务。你可能需要几个月的时间才能征服现在你内心的愤怒。再一次，请对你的前进有耐心。

2. 你累了吗？对自己生气会占用你很多精力。詹妮弗开始意识到，她照顾孩子所需的能量正在被她对自己的愤怒所消耗。就是在那一刻，她开始认真考虑进行自我原谅。你是否因无法接受自己的行为而感到愤怒，以至于无力履行义务？

在处理愤怒时，人们通常会使用干扰、过度努力，甚至是睡眠剥夺来作为安抚情绪的方式。问一下自己的内心，看看你的生活方式是否导致了疲劳，这样你就可以打破这种模式了。为了减少疲劳感，现在你的生活中有什么行为需要改变？请写下你打算如何去改变这种疲劳的行为。随着你在自我原谅方面的进步，这一点可能会变得更清楚。

3. 你多久会考虑一次这个让你违反自己标准的特定事件或情况？当有问题需要解决时，有时人们会反复思考所面临的问题，直到任务完成。我认为这是一种不断适应挑战的处理方式，以便我们完成挑战并得到满足。然而，如果你冒犯了自己，并且没有找到自我原谅之路，就可能会陷入一个思考—没有解决—思考的死循环。就好像你的车轮被困在泥里，你越努力，轮胎陷入得就越深。当这种情况发生在自我冒犯的背景下时，你可能会花很多时间去思考这个问题——正如你所知道的，这并不能解决问题。试着辨识出你对这些事件或这种情况的思考模式。你痴迷于此吗？你会梦到它吗？如果你的情况正是如此，这表示你的所作所为可能会剥夺你内心的平静，你需要改变这种思考模式。

4. 最后，如果你必须写一个关于你是谁的故事，你会写些什么？你认为自己是一个失败的人吗？你认为自己比其他人缺少价值吗？当你严重地违反了你自己的标准时，你就会有陷入自我厌恶的危险。当这种情况发生时，你可能不会好好照顾自己；你可能会暴饮暴食或睡眠过度、放弃锻炼，或者进行其他形式的自我折磨；你可能意识不到潜意识里你希望用这种方式惩罚自己。佩德罗开始吸烟，他知道这个习惯对自己不好，但他并不担心由此造成的后果，因为在内心深处，他觉得自己不是一个好人。他不喜欢他自己，所以为什么要特意去照顾自己呢？

你是否会因为你所犯下的错误而进行微妙的自我惩罚？如果你准备好了，现在就写一个关于你的故事，包括那些自我厌恶和自我惩罚的内容，如果它们存在于你身上的话。然后反思一下如何重写这个故事，让自己对自己更加温柔。如果你在故事中看到了自我惩罚，请鼓起勇气，是时候通过自我原谅来改变这种惩罚模式了。

练习 4：知道什么是自我原谅，什么不是

现在是——测验时间！不要回头去看这章的内容，写下或思考什么是自我原谅、什么不是自我原谅，并尽可能地做到准确。

这个练习的目的是让你更加准确地了解你在自我原谅中需要做什么。所以，请尽可能地准确。

现在回到这章中标题为"那么，什么是自我原谅呢？"的部分。

你刚才写下的和那节内容有什么区别吗？你是否遗漏了什么？比如当你做出不公正事情的时候，尽可能地寻求别人的原谅或争取正义的步骤？你是否相信自我原谅是一件好事（我认为它是好事），还是你在犹豫，认为这是不合适的（正如维茨和米德所说的）？一旦你确信自己知道什么是自我原谅，知道未来你将在情绪治愈之路上遇到什么，就请继续下一个练习。

练习 5：更深入地了解你是一个什么样的人

在练习 3 中你是如何描述自己的？在那个练习中找出你否认自己内在价值（你是特殊、独特、不可替代的）的所有征兆。每一个否认你价值的怀疑都是谎言，你肯定不想继续对自己撒谎。

你现在具有内在价值吗？你就像是一个新生儿一样独特和不可替代；你就像是一个充满爱又需要被爱的可爱的蹒跚学步的孩子一样独特和不可替代；你就像是一个试图探寻生命真谛的少年一样独特和不可替代。无论你的生活中发生了什么，无论你对别人做了什么，无论你对自己做了什么，你都很独特和不可替代。如果你不相信这一点，现在试着写下可以展现你内在价值的例子。你肯定能找到这样的例子，现在我请你花点时间去认清它的事实。在你看到并写下能够展现你内在价值的一个表现后，请进行下一个练习：找第二个例子。它是存在的，你需要看到它。

在电影《阿甘正传》中，大家眼中无能的福雷斯特在越南救了他的中尉，但不幸的是，丹中尉在部队的袭击中失去了双腿。当丹中尉开始自我厌恶并认为自己不再是从前的自己时，福雷斯特看着他，无比真诚地说："你仍然是丹中尉。"他失去了双腿、军旅生涯和对自己的积极判断，但这丝毫没有影响那个真相：他仍然是丹中尉。你还是你吗？如果你认为你不再是从前那个自己，那就是一个天大的谎言。

> **提醒 56**
>
> 当你冒犯自己时,你可能会失去自己的内在价值感。是时候重新找回真相了:你是一个具有内在价值的人。

反思以下问题:如果你对其中的任何一个说法持有否定态度,试着用合理的理由来反驳自己。就像丹中尉的例子一样,如果不能行走,他是否还具有天生的内在价值?如果有的人失去了全部的钱财、失去了亲人或健康,他们是否还具有内在的价值?如果所有人都让自己失望了,他们是否还具有内在的价值?如果是的话,那么即使你让自己失望了,你也依然拥有这种内在的价值。

练习6:对自己仁慈

你是否曾经帮助过那些无力回报你的人,比如安抚一个孩子,向你最喜欢的慈善机构捐款,或者帮助老年人举起重物?那一刻,你心里有什么感觉?是石头般冰冷还是温暖而可爱?仁慈就是与受难者共渡难关。

你现在是一个受难的人,所以是时候把你对他人的仁慈扩展到你自己身上了。让你的心温柔地对待自己——不管你做过什么,也无论是好是坏。让你的心温柔地对待自己,仅仅因为你是你,重要的是因为你是你。

你现在是一个受难的人，现在你可以温柔地对待自己，就像你对待一个受伤的人那样。重新认识自己吧。

　　这里有一些问题需要你在自我原谅的旅程上反思：你比你的不完美更重要吗？你能看到自己受伤了吗？当你反思你受伤的自我时，这对你的内心有什么影响？你能感觉到你的心对自己有点温柔吗？如果你的答案是肯定的，那么这将是你仁慈的开始。

　　当佩德罗开始看到对自己仁慈的可能性时，他不仅能够原谅自己过去的行为，也能够原谅自己因为对过去的选择感到巨大的痛苦而开始吸烟的恶习。他意识到吸烟并不是爱自己的方式，吸烟只是给自己挖了一个更深的洞。

　　是时候欢迎自己回到人类的正常状态了——不管别人怎么评价你……不管你怎么评价自己……无论什么。请继续对自我仁慈，就像你在生活中某个时候为别人所做的那样。为了坚持这一点，我建议你至少花一周时间，读一读你的日记中那些关于受伤的自己，以及因为意识到伤害而展现出温柔的部分。利用这个机会来发展和巩固这种温柔对待自己的方法。

提醒 57

　　正确地看待自己：一个无论在何等状况下都值得你花些时间、给予尊重和仁慈的人。

练习7：忍受你的行为给自己和他人带来的痛苦

在第六章中，你认识了亚伦，他决意忍受由他妻子不忠带来的痛苦。在你忍受别人的不公正给你带来的痛苦时，你选择了原谅，现在是时候把这种原谅的练习用在自己身上了，因为你冒犯了自己和他人。你已经知道忍受痛苦是什么感觉了，这对你来说并不新鲜。有了这些知识和经验，现在把它们应用在对自己的冒犯上。这种冒犯行为确实发生了，你不能及时改变这点，但你可以改变你对它的反应，其中一种方法是忍受你所做的事情给你带来的痛苦，这样你就不会：

- 继续惩罚你自己
- 继续自我厌恶
- 把你的痛苦传递给别人
- 在这个世界上留下痛苦的遗产，因为在生活中你遭受了巨大的痛苦

忍受痛苦就是勇敢地站起来。当你忍受痛苦时，你不再因为毫无价值的追求而分散自己的注意力，或因为拒绝忍受这种痛苦而损害自己的健康。当你忍受着痛苦时，你就不再是一个痛苦的给予者，而是一个痛苦的承载者。

试着用这种具象化的方式作为承受自己行为所带来痛苦的方式：想象自己坐了下来，并且看到一个你不想捡起来的沉重袋子。它充满了你让自己和他人失望的痛苦回忆。但你现在站了起来，拿起这个袋子，把它放在背上。你现在站得很稳，这个袋子是你可以承受的，实际上，它可以帮助你意识到你有多强壮。当你拿着这个袋子时，你会意识到袋子里边的东西在慢慢地变小变轻。当你拿起这个袋子时，你本质上是在保护别人，这样他们就不必抓住它，也不必忍受它。在承受痛苦时，你是别人的保护者。

那么，你到底是谁呢？你具有内在的价值吗？你终于开始看到自己的内在价值了吗？拥抱真实自我的感觉是否已经深入人心？

提醒 58

当你能承受自己错误的行为所造成的痛苦时，你就会变得更强壮。

练习8：把对自己的仁慈看成是一份礼物

原谅就是仁慈，仁慈就是爱。去爱就是做一个送出礼物的人。你已经给别人送了礼物，现在的重点是送给自己礼物。你能为自己做些充满善意、温柔和爱的事情吗（要在理性的范围内，这样你就不会像维茨和米德警告的那样变得自恋）？此时你需要创造性地思考。对詹妮弗来说，礼物是着手思考一个可以最终让自己从她那隐秘的罪恶感中解脱出来的具体策略。

她应该从她的丈夫入手，把她曾经对公司做出的行为告诉她的丈夫。在他们一起努力解开詹妮弗的心结后，下一步就是把钱还回去。她认为这不仅对他人，而且对她自己也有好处。

关键是要以一种真诚的方式欢迎自己回到人类社会的正常秩序中，让这个欢迎不仅仅是一个简单的"你好"。你可以花点时间休息，或者开始锻炼，或者打电话给你的朋友，或者让自己认识到自己具有很大的内在价值，或者为开始自我修复做好准备，像对待你最好的朋友一样对待自己。你尊重别人，现在请尊重自己——不是因为你比别人更好，或者因为你专注于自我，仅仅是因为你值得。

练习9：当自我原谅时，你在学习什么？

原谅，包括自我原谅，是一段发现之旅。
请你反思你的日记中的这些问题：

- 当你继续练习自我原谅时，你发现了什么？
- 你有什么变化吗？
- 你的心变得怎么样了？
- 你会更欢迎你自己吗？
- 对自己更宽容吗？更爱自己吗？更爱别人吗？

当你扩展爱自己的能力时，也会将这种服务型的爱扩展到他人身上。用这些新的能量，为造福他人而使用这种爱；用这些新的能量，开始寻求原谅，并修复你的不公正行为。

我们现在继续练习的主题。

练习10：寻求他人的原谅

现在是时候鼓起勇气问出这个棘手的问题了："除了我自己，还有谁被我所做的事情伤害了？"请不要忘了，把注意力集中在这一章开始时你发现的问题上。

在你完成这个问题之后，你可以转向其他问题。可能会有不止一人受到伤害。我的观点是关注那些直接且严重的伤害，而不是那些轻微的不便，或者非常小的烦恼（这些往往很快就会消失）。

1. 在寻求原谅时列一个计划会很有帮助，所以这是第一个任务。考虑一下你将以什么形式来寻求原谅：通过电子信息、实体信件、电话或者当面交谈？最佳的方式将取决于你认为对方会对此如何看待。有时候，人们会把电子信息看成冷漠的指示，而其他人则喜欢它的方便以及那种可以慢慢阅读、反复阅读，然后再进行回复的感觉。所以，通过选择你觉得最佳的沟通方式来联系他们吧。

2. 写下或者思考一下你要说的话。佩德罗决定给他的孩子们写一封实体的信。在信中，他首先致以热情的问候，然后表达了他作为父亲是多么不称职。他详细地解释了他所做的事情，以便两个孩子能够清楚地理解他的不安是什么。然后，他请求他们原谅他。

以下是那封信的摘录（出于隐私考虑，我改变了部分细节）：

我知道，要得到你们的原谅可能不是一件容易的事。我已经很长时间没有和你们在一起了，所以我们在情感上很遥远。对此我亏欠甚多。我希望对此负责，并告诉你们我有多么抱歉。你们可能需要时间来考虑这个问题，也可能会有一些愤怒，这没关系。从长远来看，我希望你们能认真考虑我的请求，这样我们就可以谈论那些疼痛，并开始作为一个家庭去修复那些隔阂。我爱你们，这就是为什么我要花时间写信给你们，无论你们怎么对待我，我都会接受。感谢你们考虑了我的请求。

3. 当你请求别人的原谅时，请记住，人们很容易误解原谅的意义。因此，你应该弄清楚自己想要什么。

你并不是在要求任何人最小化你所做的事情。你并不是在要求他们忘记发生了什么，或者只是为了让他们放手。不要去说一切都"好"，也不要要求他们立即原谅。如你所知，你原谅别人也是需要时间的。你所要求的应该是让那些受到你伤害的人越过你所做的错事开始看到你的内在价值。你所请求的仁慈从本质上说是不值得的，因为你应该得到的是别人的正义制裁。只有当你回归理性、那个被你伤害的人也回归理性后，这仁慈才是值得的。当对方准备好了，你们可以面对面地聚在一起。

下一步，如果回应不是你所期望的那样，就准备好放下姿态。你不希望再一次惹怒这个人，让寻求原谅变成另一段仇恨的开始。相反，现在就开始为可能遭到的拒绝做好准备。如果回应是严厉和不公平的，那么就考虑原谅对方对你的过激回应或者沉默。试着想象你遭到了拒绝，你的心将如何处理这个问题。设想一下，如果被拒绝，你会说什么和做什么。做好心理准备。

4. 忍受等待的痛苦。当我们向他人敞开心扉时，他们还没有准备好接受我们的提议。当你痛苦地忍受着等待的不确定性时，你实际上是在增加对方对你宽容的可能，你是在帮助你自己获得健康的情绪。佩德罗一开始并没有意识到他一寄出信件就应该练习忍受等待的痛苦。当两个孩子在他预期的时间里没有给出回应时，他最初的反应是感受到不断膨胀的愤怒，愤怒又导致了焦虑。这意味着他还没有准备好接受孩子们的回应，无论是积极的还是消极的。一旦意识到承受这种痛苦的必要性，他就强化了内心，为寻求和接受原谅的过程做出更好的准备。

5. 当对方进入原谅的过程时，准备好帮助对方。在很多情况下，你的道歉会比你想象的更能软化那些愤怒的人的心。当原谅过程开始时，一个真诚的道歉会让原谅的行为更加迅速、顺利。给对方留一些愤怒的时间也很重要。回想一下你自己面对因不公正对待产生愤怒的过程。如果这一阶段的愤怒对你很重要，那么对于那些现在被要求原谅你的人来说可能也会很重要。你的耐心将帮助你寻求并得到原谅。

在这个过程中的某个时刻，你可能需要提供一些温和的教导，让对方了解内在价值的意义，这对于良好互动非常重要。这教导需要谨慎而谦逊。否则，你看起来可能是在试图控制他们的原谅过程。

6. 最后，要意识到寻求和提供原谅的不可预测性。原谅的过程并非一帆风顺，愤怒可能会再次出现。有些人在原谅的过程中需要暂停，可能会有一些误解导致反复。然而，当一颗善良的心花时间准确地理解什么是原谅，以及如何去原谅时，好事就会发生，包括和解，即使多年来你们已经疏远了。

提醒 59

寻求别人的原谅需要谦逊和耐心，因为你允许别人以自己的速度去原谅。

练习11：为补偿或其他形式的正义而努力

当你伤害了自己和他人时，寻求原谅并不是最后一步。是的，当双方都同意接受对方是有价值的人的时候，你才算成功地得到了原谅。然而，还有一步：现在你有必要尽最大努力来弥补对方的损失。

有时候，可能我们不能完全做到字面意义上的补偿。在佩德罗的案例中，他不能挽回那些"从孩子们那里偷来的时间"，因为他不可能回去纠正这个错误。但他现在可以尽力成为一位好父亲和好祖父。从某种意义上说，他现在可以通过他的存在和爱来弥补其中的一部分。他们会重新走到一起，但是也会清楚过去有这样一道伤痕。这个伤痕最终会形成一个伤疤，成为家族史的一部分。它会提醒我们，家庭中存在痛苦，我们可以通过正确的选择来勇敢地克服痛苦。

詹妮弗的例子很复杂，因为她首先需要寻求丈夫的原谅，她向丈夫隐瞒了多年她的违法行为。他可能会感到愤怒，因为他要对此保密，并且考虑到那家公司，他们最终处理这个问题的决定是困难的。他们之后会做出是否向公司坦白的决定。

当她向丈夫坦白了她所做的事情时，他对此感到困扰，但没有背叛或拒绝她。他表现出了比她预期更多的支持。他们花了几周时间解决了二人之间的问题，之后他们制定了如何与公司解决问题的计划。他们没有直接向公司坦白,而是决定一起把这笔钱加上利息还给公司的慈善基金会。他们一起发送了一封未署名的信件,并向该公司提供了匿名捐款。他们决定不在这封信上签名,这样他们就不会因为捐钱而得到慈善基金会的任何赞扬。詹妮弗和她的丈夫都对此感到满意,她终于能够减轻因罪恶感而带来的负担了。她原谅了自己,寻求并得到了丈夫的原谅,她还还了偷窃的钱和公司因此损失的利息。

提醒 60

修复你不公正行为的影响需要勇气和创造力,它可以帮助你摆脱内疚。

关于自我原谅的问题

问题1

我试过这里的练习,但我仍然无法原谅自己。我现在该怎么办呢?

和原谅他人的过程一样，自我原谅也需要时间和实践。如果你没有感到一些缓解，第一步是继续关注你在练习 2 中确定的情况。然后去练习 5 和 6，继续做涉及内在价值和仁慈心的工作。

如果你仍然感到有困难，那么看看你是否在这个寻求原谅的过程中遗漏了什么人。有没有那么一个对你很重要的人，你伤害了他，却没有请求他的原谅？记下这个清单，然后采取相应的行动。如果你仍然有未寻求原谅的人，这可能会阻碍你的恢复。一旦确定了需要请求原谅的对象，就请看看你需要做些什么来弥补。

问题 2

我同意维茨和米德的观点，即自我原谅是不合适的。你认为我可以寻求别人的原谅，并去弥补，而不做其他的部分吗？

是的，就你的情况而论，似乎直接寻求尽可能多的人的原谅，并做出适当的补偿就足够了。有些人认为仅仅做这两件事而不进行自我原谅，他们的情绪也有改善。然而，当这种寻求原谅和补偿的过程并不能让你痊愈时，你可能会考虑开始自我原谅的练习，当然，如果你选择进行自我原谅的话。我认识的一些人做的和你建议的一样，他们也取得了很好的效果。同时我也认识一些人，但是他们在进行自我原谅前，无法找到内心的平静。后来，他们练习了唤醒自己内在的价值感，并练习了对自己仁慈（除了补偿他人）。

问题 3

和佩德罗一样，我也有抽烟的习惯。我的医生在鼓励我戒烟的同时，认为戒烟现在并不完全被我的自由意志所控制。我已经上瘾了。当我的行为不完全是出于我自己的意志时，我可以练习自我原谅吗？换句话说，我现在并没有故意做错事。

是的，如果你选择这样做，你就可以自我原谅。原因是：当你选择吸烟时，你还没有上瘾。你确实做出了一个自由意志的选择，你采取了行动。你可以原谅自己导致上瘾的选择。即使是现在，在上瘾的情况下你也可以选择，比如其他人在房间里时是否吸烟，是否尝试戒烟，以及在这个项目中有多努力。在上瘾的情况下，你确实有自由意志的选择，如果你没有充分为自己的健康着想，这些行为就有资格得到你的自我原谅。

问题 4

由于酗酒上瘾，我一次又一次地伤害了自己。我父亲和我祖父也都酗酒上瘾。我看着他们俩都因为无法战胜酒瘾，而陷入了一种自我厌恶之中。我很难继续原谅自己，因为我对自己失去了耐心。你有什么建议呢？

虽然原谅自己一次性的罪行可能很容易，但正如你在问题中揭示的那样，当你不断让自己失望时，自我原谅会变得更加困难。这里的一个核心问题是不断原谅自己，即使是每天都需要重复，但是永远不要放弃。记住自我原谅的所有要素：向那些被你的行为伤害的人寻求原谅，补偿那些被你的行为伤害的人。寻求原谅和进行弥补需要有勇气。

当人们像你的父亲和祖父那样自我厌恶时,可能会有一种不想要继续努力应对这一挑战的倾向。这是一种自我惩罚的形式,在这种情况下,它会对你和那些受你行为影响的人造成相当大的伤害,因为你没有改变这种行为。当你通过自我原谅而减少对自己的愤怒时,你就不会通过潜意识地颠覆戒酒和走向更健康的可行计划来发泄愤怒了。

重要的是,你要意识到上瘾确实有一部分受到你的自由意志的影响。面对这个挑战,你并不无助。如果你极端地认为酗酒与个人意志无关,也没有可积极改变的空间,那么你就可以举手投降了。否则的话,在应对这种情况时,通过包括自我原谅在内的积极手段,你可能会得到出人意料的积极结果。我和我的同事在对通过药物康复的人进行的一项科学研究(在第一章中提到过)中发现,当原谅他人(而不是自我)时[1],人们得到了强烈和积极的心理改善。因为自我原谅和原谅他人的过程相似,当你自我原谅时,也会得到类似的结果。

自我原谅和你的未来

自我原谅是一个可以让你回去撤销你自己的行为给你和他人造成的一些伤害的时间机器。本章中的练习旨在让你有信心看到摆脱因违反你自己的标准而产生的内疚是可能的。同样重

---

1 琳,W.F.,麦克,D.,恩瑞特,R.D.,克拉恩,D.,& 巴斯金,T.(2004). 宽恕疗法对医院药物依赖患者的愤怒、情绪和药物使用脆弱性的影响. 咨询与临床心理学杂志,72(6),1114 - 1121.http://dx.doi.org/10.1037/0022-006X.72.6.1114;PMid:15612857.

要的是，要认识到，作为一个不完美的人，**你将来会再次让自己失望**。你现在可以对自我失望甚至自我憎恨做出强烈的反应，但你不能再在你没有任何价值的谎言上浪费更多的时间和精力了。继续练习把自己看成和地球上的**所有人**一样，都是独特和不可替代的。当你让自己和别人失望时，这种想法可以保护你。之前，我们一直把注意力集中在思想上，现在让我们在最后一章来谈谈**内心**的问题。

Chapter
08

发自内心地原谅

有没有可能……

宽恕能唤醒一个沉睡的世界吗？

你能在这次觉醒中有所贡献吗？

即使人们把你当成一只流浪猫，朝你扔鞋，让你闭嘴……

你会使他们因你仍继续给予爱而震惊吗？

其他人最终可能会感谢你把他们从沉睡中唤醒吗？

你的生活会有一个全新的目标吗？

这是可能的。

你准备好用第 8 把钥匙打开旅程的最后一扇门了吗？当我们打开这扇门的时候，你可能想要稍微遮住你的眼睛，因为实际上，这个房间里比外面更亮，爱有发光发亮的魔力。我们心中的爱通常从小处开始，并随着时间的推移而增长。当你面对残酷并克服了其具有挑战性的困难时，爱会让位于喜悦。它并不容易显现，它必须在心中培养。

到目前为止，我们的大部分工作都集中在原谅的思想上，现在我们带着这最后一把钥匙进入最重要的一扇门。它打开了我们的心，根据古希腊古老的教导，那是我们的情感所在。原谅之心能够唤醒治愈之心。

一个打开原谅之心的案例研究

为了帮助你发自内心地去原谅，让我们先看一下阿维拉的案例。她的前夫安德里亚斯，三年前抛弃了他们的家庭。临走时，他对她很挑剔，同时对自己也很不满意。

阿维拉知道安德里亚斯和他父亲之间存在问题，在安德里亚斯成长的过程中，他父亲几乎没有时间陪他。长年缺乏父亲的关注和关心使安德里亚斯对其他人少有信任感，但阿维拉认为一旦他们在一起生活，他就会放松下来，意识到她是站在他这一边的，一切都会变好。她认为，安德里亚斯会慢慢建立信任感，但事实并非如此。

阿维拉现在在怀疑的海洋中漂流。当她开始原谅之旅时，她将一本关于原谅的书放在她的床头柜上长达几个星期。每当她瞥见那本书，她就会立刻转过身去，像一个身材走样的人走进健身房一样，所有那些令人困惑的机器都在对她微笑，向她发出挑战。

当她开始原谅之旅时，她感到很困难，因为她自己受到的童年训练已经让她把原谅当成某种机械的公式，而不是一种可以带来情感愈合的心灵手术。她的父母强加给孩子们一种惯例：冒犯了别人的孩子必须说"对不起"，然后另一个孩子必须接受这一道歉。这是一个刻板的程序，并没有深入孩子们的内心。

随着时间的推移,阿维拉完成了思考层面的工作,这促使她得出结论:安德里亚斯是一个人,是一个具有内在价值的人。她看到了安德里亚斯无法信任别人的痛苦,并十分同情他。当她原谅了安德里亚斯,并开始使用"原谅"这个词时,她看到的并非他们重新回归了夫妻关系,而是安德里亚斯是一个有价值的人,无论他的行为是怎样的。

每一天,她都花时间思考安德里亚斯作为一个人的内在价值,直到她对他的心慢慢变软。同样,这并不是为了让她与他重建婚姻关系(因为他已经走了,也没有再回来的迹象),而是为了看看他受到了多么深的伤害。毕竟,他放弃了一个可爱的妻子、两个可爱的孩子,以及充满关怀、保护和爱的生活。放弃这么多意味着他已经毁了他生活的很大一部分。她现在不是怨恨他,而是为他难过。她不再半夜醒来为失去亲人而悲伤。她对作为一个人的安德里亚斯的关心越多,就越能够放下"可能会发生的事情"。

关于心灵的成长,尤为重要的一点是:阿维拉再也没有说过安德里亚斯的一句坏话,甚至是无意中对他们的孩子布丽吉德和大卫说起。这使孩子们摆脱了选边站队的负担。事实上,她以尊敬的态度和孩子们谈起安德里亚斯,以便培养起他们对父亲的尊重,尽管他们的父亲缺点多多。克制对安德里亚斯的贬低是阿维拉给孩子们的一份**爱的礼物**,因为她在心理上把父亲还给了孩子们。阿维拉知道,随着时间的推移,安德里亚斯可能会试图赢回孩子们的爱,这样他就可以和他们在一起了。阿维拉通过她谈论安德里亚斯的方式为这一切的发生奠定了基础,这也是间接送给安德里亚斯的礼物。

随着时间的推移,阿维拉心中的爱开始增长,她最后了解到，安德里亚斯父亲的内心也受到过深深的伤害。这一观点并未使他在安德里亚斯成长时期对其所做的行为合理化，但它确实更清楚地展现出他们这两个鲜活的人。他们的内心都有一个大洞，因此，他们也在别人的心里留下了类似的洞。

虽然阿维拉开始这段原谅之旅时没抱任何希望，但如今希望已经慢慢地在她心中生长，成为鼓励她的源泉。对美好未来的希望现在"在她心中微笑"，因为她开始看到，这不是童话故事般的幻象，美好的事情真的**会**发生在她身上。当孩子们对她说话时，她会有更多的精力去倾听。她正在摆脱被抛进深渊的感觉。她不再垂头丧气地低声对自己说什么都不会成功。"什么都不会成功"是一个天大的谎言。虽然她确实没有从生活中得到她想要的一切，但她生活中的事件也没有剥夺她内心世界的爱、仁慈、原谅和欢乐。她看到，她可以站在希望中，她可以拥有这些内在品质，因为她每天都在练习原谅。

练习1：在希望中成长

请考虑接受这样的想法："我不必接受一个不断困扰着我的内心世界。我不要接受一个充满消极思想和情感的内心世界。从这一刻起，我可以过我的生活，这样我的内心世界就能为爱、仁慈、原谅和快乐创造更多的空间，就像阿维拉一样，我能做到这一点。"

把它打印出来，贴在你的冰箱上、放在你经常打开的抽屉里、放在你的钱包或背包里，这样你就可以每天多次阅读和思考这段话。

提醒 61

当你走在原谅的道路上时，希望可以同时也应该属于你。

继续与阿维拉同行：爱的普遍化

当阿维拉的内心开始恢复希望时，她发现，隐藏在内心深处的爱是她作为一个人的核心部分。我经常看到被生活打倒的人，他们忘记了一个基本事实：**"我需要给予和接受爱，这是我人性的一部分。"** 阿维拉开始意识到，在她生命的某些时刻，她经历了爱作为一种有意识的现实而存在。她回想起一件事，当时她的内心世界充满了喜悦、活力和期待，因为这个世界上至少有一个人支持和爱她。这个人便是她的父亲。他带着她最喜欢的糖果回到家——她因为感染病毒发烧而卧床——坐在她的床边，分享他一天的见闻，也真心想知道她一天的生活。父亲关心她……想知道她（作为一个人）是什么样子的。那种内在的体验对于阿维拉来说是非常真实的，没有人能把它带走。

阿维拉意识到，正如她能不费力气就陷入悲观一样，她也可以通过一些努力，重新点燃内心的爱的活力——没有人能再次夺走它。当然，她的爱也可能在她不注意或毫无防备的时候被小偷偷走，但爱不像手提包或钱包那样，它总是深藏在她的内心深处，随时都可以被召唤出来，成为她生活的核心部分。

练习2：想一想那些你爱的和爱你的人

回想一下曾经有人无条件地爱你的时候，不是因为你做了什么，而是因为你是谁。

你是谁？

"我是一个爱过，也被爱过的人。我是一个可爱的，且有能力爱他人的人。我体验过内心的爱，因此我完全知道我在寻找的是什么。"

请在接下来的一周至少每天反思一次。

提醒 62

你是一个充满爱的人，这是你的一部分。原谅可以帮助你重新去爱。

继续讲阿维拉：爱比她将面对的任何不公正都更强大

阿维拉在心中所培养的爱，不是那种要得到他人回报的爱，至少在她和安德里亚斯的关系中是这样的。别人从她身上拿走东西，她却一直在给予。即使面对别人缺失的爱，甚至是在被虐待的情况下，她也在给予爱。这比回报式的爱更难给予，正如当你给予一个因摔倒而膝盖受伤的孩子安抚时，他会拥抱着你，把你当作他的保护伞一样。阿维拉意识到，当给予对方爱，但对方没有相同回应的时候，人们会面临一个更大的挑战，她的爱情就受到了严峻的考验。

这种爱需要练习、练习，再练习。阿维拉从来没有在小事上实践过这种爱，所以当黑暗来临时，她寻找这种爱会面临一个很大的挑战。这就是为什么对她来说，开始原谅之旅是如此重要。她最终成为我所说的"做好了原谅的准备"的人。她准备好了原谅别人，并且已经成功了。你准备好发自内心地原谅他人了吗？

提醒 63

你的爱比任何可能遇到的不公正都更强大。你必须努力让爱在你身上变得强大。

学会发自内心地原谅

通过第三章（找到疼痛的根源，消除内心的混乱），你确定了那些需要你原谅的人。通过第四章（培养原谅的思维），你学会了首先要做到努力原谅一个对你不公的人。

现在，让我们通过心灵的视角来加深这种原谅。

请记住这个人，发自内心地原谅他，完成你的原谅之旅。

我们首先对爱进行初步的考察，特别是对伤害你的那个人，然后在下一个练习中解决更具体的问题。

练习3：做好在原谅的同时练习爱的准备

你在这个世界上需要爱吗？伤害你的人也需要爱。爱是超越肉体的东西。它是一种需要、一种感觉、一番行动、一套思想，似乎能引导许多人进入永恒的境界。

爱把人们联系在一起，激励他们深入了解对方、关心对方、为对方服务。爱超越了人类的生理极限，一旦肉体死亡，心脏就会停止跳动，但爱在一个人死后依然存在。想想看，即使一个人死了，他的爱仍会留在地球上，因为接受爱的人会把这份爱传递给其他人。

你需要付出爱吗？如果你不付出爱，你生命的意义和目的是什么？缺乏爱的意义和目的真的能让你满足吗？如果你需要付出爱才能收获生命的完整，那么伤害你的人也是如此。你们有共同之处。

你们两个同样需要爱和被爱。你们都需要超越感官的体验，到达更伟大的境界。你们同享这种人性。你认为这是真实的还是夸张的？请在你的日记中给出答案。

当原谅的时候,你的爱要超越你的洞察

现在让我们扩展你更清晰的视野,这是你通过第四章学习到的,通过原谅那些对你有很少或几乎没有爱的人,来增加爱的体验。无论如何,请坚持去爱,不管别人如何剥夺对你的爱。

这并不是一项不可能完成的任务,尽管一开始看起来如此。你已经开始了解爱了。请用你对爱的了解来帮助你走向内心对爱的体验。你已经开始在第二章(做好原谅的准备)练习爱了,虽然它是针对那些没有收回对你的爱的人,但重点是你其实一直在练习爱。在旅程的这个阶段,是时候让自己更进一步了。这不是让你去做一些截然不同的事情,而是需要你在一个更具挑战性的背景下做同样的事情。在接下来的练习中,我们将讨论十个与爱有关的问题,这些问题与伤害你的人有关。

练习4:体验爱……为了伤害你的人

我建议你对以下十个陈述和问题逐一进行书面反思。你同意吗?还是有不同意的地方?回答的时候尽量具体一些。

- **爱会使人问"今天我能为你做些什么？"。**在这里，现实一点很重要，因为你刚刚开始对那些不公平对待你的人表达爱。今天你怎么能为这个受了伤、不幸福的人服务呢？也许你可以对朋友说些他的好话。他需要什么？你如何以一种对自己安全的方式提供给他？
- **爱能赋予人能量。**那个伤害你的人很可能已经失去了爱。你怎样才能使这个人的内心培养出哪怕一点点爱呢？他真的需要这份爱，也许今天除了你，他从别人那里根本得不到。还是那句话，以一种安全的方式，想办法让他受伤的心得到一点不顾一切想得到的爱。即使那个人已经去世了，你也可以对家里人说说他的好话。
- **爱能让人精神焕发。**一个微笑可以让人精神焕发，承认伤害你的人具有内在价值也是一个令人精神焕发的方式。你可能想知道，他上一次真正觉得自己是一个完全的人是什么时候。
- **爱使人更能理解幸福。**因为你理解幸福，所以你能看到它的反面——另一个人的不幸福。你有能力给这个人哪怕是一点点幸福吗？这是你的选择。你要怎么做？这一刻的幸福会给他的内心带来什么？这种爱的举动会对你的内心有什么影响？

- **爱把金钱当作达到目的的手段，而非目的。**重点不是你给那个人钱。相反，关键在于：你如何帮助这个人意识到对金钱的爱（这是权力的一种具体表现）并不是他生活的最终目标。使用金钱（不是对金钱的热爱）是达到某些更重要目标的手段。（如果伤害你的人已经去世，这个练习就不再适用。）
- **爱是使他人进步的桥梁。**今天，你怎样做才能成为这个人以及其他人的榜样？让他看到你的行动中充满了爱，从而帮助他更好地理解爱。你有机会为这个人提供一种对生命的洞察力。今天，练习爱，可能会改变一个人的世界观……可能会改变一个人的生活。
- **爱能愈合伤口……即使是在自己身上。**如果你不表现出敌意，你就可以帮助这个人减轻他的创伤，他可能从小就背负着这些创伤。正如在战争中，休战给了每个人包扎伤口的时间。更进一步地，看看你能做些什么来抚平他心中那些看不见的伤口。

　　乔纳森和他的伴侣萨曼莎大吵了一架。趁萨曼莎外出的时候，乔纳森意外地为他们两人做了一顿饭。当萨曼莎回到家，她完全惊呆了，因为她整天背负着的都是那些沉重的争论。这个意外的礼物对修补她的心灵起了很大的作用。

- **爱包含快乐**。在不公正和原谅的背景下，快乐是一种持久的、飙升的爱的感觉，我们避免了一些威胁内心甚至危及生命的事情。我们在混乱中幸存下来，茁壮成长。有可能，随着时间的推移，你会通过这句话来增加对方心中的快乐："让我们不再进入一场彼此受伤的内心战斗。我关心你的内心和我的内心。我要给你一颗完整健康的心，就像我希望自己拥有的那样。"

- **爱能理解权力，却不被其左右**。请特别注意，如果对方继续持有一种权力观（同样是消极的），那么这将影响到你们两个人。当它发生的时候，你要下定决心去观察它，而不是用权力来应对它。你需要保持正义；同时，保持爱。请保护好你自己，用更清晰的眼光去看问题、认清真相：这是一个人，一个受伤的人，他需要了解爱的世界观，并开始实践。希望对方拥有一种爱的世界观是一种爱的姿态。

- **即使面对强大的权力，爱仍能坚忍**。如果你能点燃对方身上哪怕是最小的爱的火花，你该如何让这火花持续燃烧呢？如果他没有从别人那里得到这样的鼓励，那么这小小的火花可能很快就会熄灭。你如何帮助他防止这种情况发生？你可能是这个星球上为数不多的能帮助这个人在爱中成长并能坚持下去的人。

是什么权力压迫着这个人的内心，扼杀着爱？你有资格和他讨论一下这些剥夺他幸福权力的来源吗？进行这样的对话需要勇气，也需要智慧，因为如果它会引起你们之间的争议和不满，你自然不想这样做，所以你只能在自己有把握的情况下再进行这样的讨论。

如果这些都不可能，如果他选择使用权力而不是爱，那么是时候保护自己的内心了。请记住，当你需要与对方保持距离的时候，你依然可以远距离地去爱他。

提醒 64

你可以爱……即使是那些不曾爱过你的人。

关于原谅与爱的问题

问题 1

我还没准备好用爱来原谅伤害我的人,这会使我的原谅不完整吗?

"不完整"这个词可以是指你自己的情感愈合,就情感愈合而言,即使你不试着去爱对方,你也可以体验到很大程度上的情感愈合。我们还没有特意对"有爱的原谅"和"没有爱的原谅"进行过对比研究,所以我不能完全确定这会对你的情绪健康带来什么不同后果。然而,我相信,这些年来,我和我的同事帮助过的人并不是全部都在心怀着爱去原谅,但我们仍然发现,当他们原谅时,他们的情绪健康会有很好的转变(例如,有些人反馈说他们从内心感觉到自己已经在原谅了)。

"不完整"这个词也可以指原谅的过程本身。在这种情况下,你并没有到达原谅的最深处,如果你的当前目标只是情感上的解脱,那也没有关系。人们在我们的干预项目结束时,通常仍会留有一些愤怒,有时在我们的原谅测试中,他们在没有得到高分时就停止了。尽管如此,他们仍获得了显著的情感愈合。

问题 2

在我看来,说对方过去受过伤害是在为他不公平的行为找借口。我可以原谅这一点。因为有人对他不好,所以他对我也很不好。但是,难道他不应该像人们说的"像男人一样",停止这种麻木不仁的伤害吗?

看到伤害者过去的伤口并不是为他的伤害行为找借口，而是让你以一种新的方式看待他。当你看到这些伤口时，你并没有让不公正的行为突然变得公正。你需要同时关注原谅和正义。如果你的要求只是让他停止这种行为，那么你要求的只是正义，而不是仁慈。原谅的过程需要你同时关注仁慈和正义。当你这样做的时候，你并没有忽视不公正，你也没有忽视自我选择的仁慈的回应。

练习5：当你表达爱的时候，你是谁?

　　你可以爱，而且是真的爱。你一直在向陌生人、熟人、爱人，甚至现在对那些很难去爱的人（因为他们没有爱过你）提供爱。

　　试着每天读几遍这句关于自我肯定的话："我可以去爱。我将把爱传递给他人。在我的意志之内，我有能力和决心向这个世界奉献爱，尽管这个世界对权力的理解远远超过对爱的理解。"

　　你不像那些伤害你的人所说的那样，他们一直在对你撒谎。他们可能不是在故意骗你，当他们透过权力的视角看世界时，世界对他们来说便扭曲了。你可以成为扭曲的矫正者。

　　那么，你是谁？告诉自己你是谁。不要在爱的部分有所保留。这对你成为什么样的人至关重要。

问题 3

我听人说过很多次，爱是一种决定，而不是一种感觉。这是真的吗？

爱，正如我们在这里所说的，是一种道德美德，就像仁慈、耐心和善良一样。所有的道德美德都需要人全方位地投入，而不仅仅涉及这个人的某一个方面。是的，爱就是即使在你没有任何爱的感觉的时候，仍保持坚定地去爱。所以意志力在这里非常重要。与此同时，当你在爱中成长，你会发现这不仅仅是一个决定，它是一系列帮助对方的行动。它包括可以被描述为仁慈和关怀的感觉，无论这些现在在你心中是多么渺小。这与你的身份有关——关于你是谁。告诉自己"我是一个有爱的人"，并且深知这是真的，这就是爱的一部分。

> **提醒 65**
>
> 你是一个有爱的人，即使面对严重的权力攻击。

问题 4

我害怕，如果我去爱，我会逐渐变得筋疲力尽、一无所有，你觉得呢？

奉献之爱的悖论在于，当你对那些没有对你表达过仁慈的人施以仁慈时，是**你**体验到了情感上的疗愈。在第一章中，关于宽恕治疗与教育的科学研究表明了这一点。如果你的"爱"并不真诚，并且只为你自己而这样做，那么，是的，情感倦怠可能会发生。重要的是，要防止这种消耗和它可能造成的后果。当你决定去爱的时候，要区分这种爱是什么（服务他人）和这种爱的结果（你开始感觉更好）。如果你能做出这种区分并相应地实践奉献之爱的话，那么，正如我们在科学研究中所看到的那样，你将拥有更多而不是更少的情绪健康。

练习 6：心灵洞察：你的情绪疗愈进展如何？

是时候检查一下你内心的健康状况了。你可能还记得在第三章中，你曾用1-5分的等级来评价你内心痛苦的程度。请再次回答以下七个问题，并按1-5分进行评分，如下所示（如果你需要复习以下任何一个术语的含义，请重新阅读第三章中的描述）：

   1= 一点也不
   2= 较小程度
   3= 中等程度
   4= 较大程度
   5= 极大程度

   1. 我焦虑。
   2. 我抑郁。

3. 我内心充满了不健康的愤怒。
4. 我不信任别人。
5. 我不喜欢我自己。
6. 我的世界观是消极的。
7. 我不认为我能克服内心的创伤。

相较于你在第三章中的得分,这一次你的得分如何?将之前的每个分数与你现在的分数进行比较。如果你给这些陈述中的任何一个问题打4或5分,那么你需要继续治愈你的内心世界。现在你知道了,分数越高,伤口就越深。通过快速洞察你的内心,评分范围为最低的7分到最高的35分。如果你在焦虑、抑郁、不健康的愤怒和自尊方面的得分高达5分,这就表明你应该考虑寻求专业的帮助来缓解这些症状了。

当你审视这个熟悉的主题时,请继续让爱在你心中成长,但这次要在每一个主题中都加入爱。我们将从你的世界观开始——你对这个世界如何运作的认知。

练习7：了解你的世界观

使用你的日记，无论是纸质的还是电子版的，来回答以下问题。不要试图一次回答所有问题，而是在这些问题的帮助下，花点时间来探索你是谁。

- 你现在的世界观是什么？世界是如何运转的？
- 开始写下你的故事吧：你是谁？你的人生目标是什么？
- 根据你对上述问题的回答，总的来说，人是指什么？人类的本质又是什么？
- 在这个世界上，什么对你来说是重要的？
- 你明年的短期目标是什么？
- 当你在生命的尽头回首往事时，你的长期目标是什么？
- 你希望完成什么？你将如何服务那些遭受痛苦的人？

找到你在克服痛苦中的新意义

在第五章中,我们谈到了寻找痛苦的意义。"创造意义"是治愈内心的关键,这是维克多·弗兰克在经历了第二次世界大战的巨大痛苦后提出的引发世界关注的新观点。我们在痛苦中找到的意义与我们战胜痛苦后所经历的意义是不同的。下一个练习将进一步探讨这个主题。

练习8:通过在爱中成长来寻找意义

在你因为别人对你的不公平对待而失去爱之前,你对爱有深刻的理解和领悟吗?你是否知道原谅是击败卑鄙和残忍、用爱推翻权力的合气道?为什么要去原谅?因为原谅可以击败卑鄙和残忍,让爱的成长成为可能。

当你通过更主动、更深入地实践爱来寻找生命的意义时,你将必须培养两种在这个世界上似乎不那么容易同时存在的道德品质——谦逊和勇气。有时,谦逊被视为一种羞怯的特质,只有弱者才会如此。有时,勇气被视为一种压倒一切的品质,只有强者才有。然而,当你爱得更多,谦逊和勇气的结合可能会在你身上成长。谦逊能让你更清晰地看到所有人的平等。勇气可以帮助你在面对一个不理解爱的世界时勇敢地走向爱。请记住第三章中的这个观点：**权力不理解爱，但爱理解权力**。你的痛苦可能会帮助你加深这种洞察力，并加强你带着爱前进的决心。所以让我们来思考一下这些问题：

- 你看到谦逊在克服不公正和痛苦的影响中所发挥的重要作用了吗？如果真是这样的话，再想想为什么谦逊如此重要。
- 你看到在克服困难时培养勇气的重要性了吗？如果真是这样的话，再想想为什么勇气如此重要。
- 当你克服困难时，你看到培养爱的重要性了吗？为什么重要，为什么不重要？

提醒 66

你的痛苦可以帮助你更成熟地理解什么是谦逊、勇气和爱。

练习 9：因为遭受了痛苦，所以你更懂得施以善意——从这一见解中找到意义

在这个练习中，我提出了一系列问题，供你在日记中反思。请花点时间做这个练习，因为它需要深思熟虑。

不管遭遇到什么，你的痛苦如何展示出你行善的力量？你是否开始意识到，你所遭受的痛苦使你成为一个比以前更好的人：比起遭受痛苦之前，你变得更强大、更睿智、更富有同情心，甚至能为这个受伤的世界提供更多的东西？

现在，你的决心是否更坚定了？面对不公正时更冷静、更坚决地知道什么是对的、什么是错的，更坚定地反对不公正？如果这样生活的话，你能看到生命的重要意义吗？

当你主动为他人服务，包括向那些伤害过你的人献上爱时，你的生命有什么意义？你的生活更丰富了吗？增加了更多有趣的日子吗？痛苦是否让你认识到了服务他人的重要性？

你的痛苦是否帮助你更深层次地去理解和领悟原谅本身？也许你的痛苦使你开启了这种新的、赋予生命的美德，在某种程度上，你现在看到了原谅的美。

> 对于那些有宗教信仰的人来说，你的痛苦和克服痛苦的过程是否如某些人所说，改变了你与神圣及更高权力的关系？痛苦会让你远离神圣。克服痛苦则可以为信仰增添意义，而不是在一个人的内心制造更多的分裂。

关于世界观和寻找意义的问题

问题 5

我很难看到形成一个世界观和寻找痛苦中的意义之间有什么区别。你能帮我分清它们吗？

一个人的世界观回答了生活中的那些重大问题，例如：

- 人类的核心是什么样子的？
- 我的生活有目的吗？
- 如果我死了，我会去哪里呢？

寻找意义并不一定要解决这些重大问题，它主要集中于在痛苦中弄清自己和他人的相关性，使人能够忍受痛苦甚至在逆境中蓬勃发展。在痛苦中寻找意义的人经常会问一些具有实用性和服务性的问题，例如："从自己和他人的利益出发，我怎样才能以一种实用的方式应用我在这里学到的东西？"正在拓展世界观的人可能会问:"现在我所学的这一切如何适应世界的运作方式?"当然,人们在痛苦中寻找相关性时可以回答一些重大问题,但这些问题仅仅是我们形成世界观的一部分。

问题 6

如果我断定生活毫无意义呢?与为了减少痛苦而编造某种意义相比,站在真理中难道不是更重要吗?如果我去编造这些所谓的意义,我不就相当于用真理来换取安慰吗?这是对我自己的贬低。

一些哲学家讨论了一种他们称之为虚无主义的观点,这种观点认为,生命的前途是一片虚无:生命力并没有真正的目的,没有任何意义即是唯一的意义。但是我怀疑他们生活在矛盾之中。他们生活的目的之一肯定是把这个生命之中毫无意义和目的的信息传达给他人。这是一个目标,而目标指向了目的。即使是"生命没有意义"的这种说法,也是他们刻意创造的一种"生命没有意义"的意义。在我看来,如果那些信奉虚无主义的人蒙头大睡,而不是试图把这种思想传递给别人,那么虚无主义的哲学就更合理了。因为一旦他们下了床,开始和别人谈论他们的新哲学,他们就过上了矛盾的生活。

而且即使我上面的想法被否定了,我们仍然有这个问题:如果虚无或虚无主义被视为真理,那么我们就得到了另一个矛盾,有这个想法的人领悟了真理的存在,所以生命的一个目的就是寻求真理。理解真理是生命中一个重要的意义,所以虚无主义又一次崩溃了。

原谅后新的生活目标

当你进行原谅的时候,你的生活目标(为什么你在这里以及就此采取的行动)可能会得到发展。目标不同于寻找意义。当你在不公正的背景下找到意义时,这是一个思考练习,因为你试图弄清楚痛苦及其后果对你的重要性。当你培养目标时,这更多是以行动为导向的,因为你把美好的事物带给了别人。一旦人们开始认真对待原谅,我就在他们身上看到了生活的九个不同的生命目标。让我们对其逐一检视,帮助你认识生活的新的目标。

练习10:审视你在生活中的新目标

在此要先介绍九个"目标",你会对哪一种产生共鸣,让其成为你生活的一部分?一旦你选择了其中的一些,请在你的日记中写下你可以实现这些目标的具体方法。

目标1：把爱作为实践原谅的根本目标

经常练习原谅也许可以成为你新生活的一部分，因为它已经成为你自己的一部分。原谅可以是你新的世界观的一部分，是你对待他人的新行为的一部分，也是你内心的一部分。你现在可以开始看到所有人都拥有内在的价值。从现在开始，你可以尊重你遇到的每一个人。你可以在你的心中把培养宽容的爱作为一种生活方式……这是你现在生活的目标之一吗？

目标2：保护你爱的人免受你的情感伤害

当你是一个受到伤害的人时，原谅会为你所爱的人提供保护。这怎么可能呢？当你的内心被怨恨和愤怒充斥的时候，你有可能会把所有这些未经处理的情感扔给别人。当你为了保护他人免受那份怒气而特意选择原谅的时候，你会在泄愤的行为前消除这份愤怒。

提醒 67

你的原谅可以保护你所爱之人的情感健康。

目标3：帮助伤害你的人看到自己的错误行为

原谅的保护作用甚至可以扩展到伤害你的人身上。当你练习原谅时，你不要对那个行为恶劣的人发泄愤怒。而且，当你避免把怨恨扔回给对方时，你的克制会阻止伤害者的报复和一场带来更多痛苦的无休止的意志之战。

如果你选择原谅，就可以防止你和伤害者的愤怒进一步升级。在某种程度上，这是给伤害你的人的一份礼物，因为你努力克制不伤害他。当你在可以对对方怒目而视、恶语相加之时，选择以平和的态度对待那些伤害你的人，此时原谅就具备了高尚的意义。

> **提醒 68**
>
> 你的原谅保护了伤害你的人。

目标 4：帮助他人培养品格

这里的重点不是通过对比来突显你高尚的人格以贬低对方的人格缺陷，而是你有机会帮助别人克服他的伤害行为——那些行为已经导致了你的痛苦。当你对伤害你的人表达爱时，你可能会打开一扇很长时间没有打开的门。向伤害你的人展示原谅之心，这可以改变他的生活。

目标 5：与他和解

当你理解原谅的深层含义时，你就能够看到，和解包含了原谅以及寻求和接受原谅的过程。你将更清楚地看到什么是不公正的，以及为了让你和伤害你的人再次相互信任，彼此都需要改变什么。在你原谅的时候，你的一个目标是向着和解努力。如果伤害你的人拒绝和解，记住，你已经尽力了。即使你给予爱并努力寻求更和平的关系也不会感动所有人，你不需要对他的行为或选择负责。

目标6：培养你自己的性格

提升自身原谅能力的过程不仅是"全身练习"，也是"全心练习"。当你原谅时，你会明白，你生活的目标之一是继续培养自身正义、耐心和善良等美德。你会发现，培养这些美德的过程并不是把它们分开培养，而是把它们作为一个整体来培养。不要感觉惊讶，当你拥有了原谅的能力时，你会发现这些美德在你心中长成了参天大树。

目标7：在家里创造一种原谅的氛围

随着你频繁地练习原谅，你将不想把它继续作为秘密。你会想要去传递原谅，还有什么地方比自己家里更好呢？留出时间，和家人一起讨论原谅的话题。要注意到那些可以进行原谅练习的时刻。例如，假设你们全家刚刚看了一部电影，现在正在讨论它。你可以挑选一个场景，假设在这个场景里，一个角色开始考虑原谅并付诸实践，电影的剧情将往哪个方向发展？请允许家庭成员有时间讨论本周在外边遭受的不公正对待，以及不同的家庭成员如何以原谅作为回应的一部分。只要你善于发挥创造力，就会找到很多方法把原谅的美德带入家庭，并使它成为一种家风。

目标8：在工作场所、社会场所或其他社区中创造一种氛围

原谅不仅保护你自己、你所爱的人和那些伤害你的人，而且还可以保护你身处的社区：你的居住社区和那些你花很多时间参与的社区，如工作场所、社会场所或政治团体。

想想那些独自行动、孤立无援的人，他们在家庭中被嘲笑、不尊重和虐待，留下了愤怒的痕迹。所有这些都从一颗心开始，传递给伴侣、孩子和前来拜访他们的祖父母。随后，所有这些都被传递到工作场所，通过孩子们传递到学校，通过父母传递到他们自己的社区。不满会随之出现在某个同事身上或社区的私下抱怨中——这一切抱怨与不满的源头可能仅仅是因为一个人在一个小地方的初次爆发——它的传播如此之广，没有人知道它的起源或知道如何把将其收回、封锁。愤怒会蔓延，有时会不分青红皂白。而当这个孤单的人心怀原谅的时候，愤怒的轨迹就得以消隐……安静地，匿名地，悄无声息，它可以防止具有破坏性的愤怒的蔓延。

提醒 69

你的原谅可以保护你所在的社区免于遭受你不健康的愤怒。

目标 9：保护子孙后代免受不健康的愤怒

当原谅作为一种生活方式被实践时，还会有更多的保护作用。你的愤怒可能会继续存在多年，因为它会被一代一代地传递给毫无防备心的其他人。愤怒不仅像病毒一样，会在当下传播给其他人，而且还会随着时间传播下去……甚至是很长一段时间。当这种不健康的愤怒在学校里被表达出来时，校长和老师就赋予了它一个名字——霸凌。对一个孩子的霸凌很可能始于隐藏在某个家庭深处的一些激进行为，然后它就像病毒一样传播给家庭内外的其他人。一个被霸凌的孩子可能会把这种霸凌行为强加给一个低年级的孩子。今天出生的孩子可能会在6年后他第一天上学时，成为这所学校里霸凌的受害者，愤怒将在那里等着他，这愤怒正生活在一个被霸凌的孩子的内心，而那个施加霸凌的孩子可能之前遭受了家庭的虐待。原谅可以阻止这种愤怒的世代传播，并保护他人免受所有这些不必要的痛苦。

在我们位于威斯康星州麦迪逊的国际宽恕研究所（www.internationalforgiveness.com），我们为教师和家长开发了17种不同的课程指南，用于指导儿童和青少年。我们有一套从学前班（4岁）到高中高年级(17岁和18岁）的完整指南、一套从初中到高中早期(10岁至14岁）的反霸凌指南，以及两本家长指南。除了南极洲（南极洲有学校吗？），世界上每个大陆都使用这些指南。我们对这些项目进行了研究，在这些项目中，教师每周在教室指导学生约30-45分钟，持续12-15周（取决于学生的年龄）。研究表明，当儿童通过故事书和短篇小说了解原谅时，他们不健康的愤怒有所减少。这就成为教师教学目标的一部分：给予孩子们原谅的保护和给予他们减少愤怒的礼物[1]。

---

1 恩瑞特，R.D.，克努森，J.A.，霍尔特，A.C.，巴斯金，T., & 克努森，C.(2007). 北爱尔兰贝尔法斯特通过宽恕实现和平 II: 改善儿童心理健康的教育项目. 教育研究杂志，Fall, 63 - 78; 甘巴罗，M.E.，恩瑞特，R.D.，巴斯金，T.A., & 卡特，J.(2008). 以学校为基础的宽恕咨询能改善学业风险、青少年的行为和学业成绩吗？教育研究杂志，18，16 - 27; 霍尔特，A.C.，马格努森，C.，克努森，C.，克努森 恩瑞特，J.A., & 恩瑞特，R.D.(2008). 宽容的孩子：宽恕教育对密尔沃基市中心小学生过度愤怒的影响. 教育研究杂志，18，82-93; 恩瑞特，R.D.，罗德，M.，利特，B., & 卡特，J.S.(2014). 在一个分裂的社区试点宽恕教育：比较两组年轻人的电邮笔友和日记活动. 道德教育杂志，43，1 - 17.

你会成为一个促进愤怒病毒传播的人，还是通过你的原谅实践为愤怒病毒的传播制作解药？

这真的是你的一个选择。你看似孤立的挫败感、沮丧和不健康的愤怒行为确实会对他人产生长期的影响。同样地，你的原谅行为似乎很孤立，但确实也会对他人产生积极的后果。

> **提醒 70**
>
> 你的原谅可以保护后代免受不健康的愤怒。

最后：你心中的爱可以带来快乐

一旦你能够重新产生对自己的爱，并发展了上述讨论的一些生活目标，你就会在心里觉察到一种持久的幸福感，你最终会感到快乐……快乐的一个同义词就是胜利，一旦你克服了别人的卑鄙、冷漠甚至残忍，你就会知道你已经胜利了。所有这些窃取你人性的尝试都没有奏效。你是胜利者。当这种意识在你的心中萌芽，你知道你永远不会被别人的不幸所打败了。当你生活在这种意识中时——生活在它之中，不仅仅是暂时感觉良好——你会拥有快乐。

你可能还没达到那个境界。事实上，如果你达到了那个境界，我会非常惊讶，因为要达到这种稳定的快乐状态需要时间和对于原谅的练习。我之所以现在向你指出这一点，是因为这样你的希望就可以增加，这可能会让你培养更多的爱——这反过来又会产生快乐。耐心，同时眼睛盯着原谅的重要终点——快乐……不仅是为了你，也是为了别人。

> **提醒 71**
>
> 　　快乐可以是首次在你身上出现，也可以是在你身上重新点燃……然后再传递给别人。

在这个地球上，留下一个爱的遗产

　　每一个正在阅读这本书的读者，作为作者，我想向你分享一个真相，即我们终究会逝去，当你离开的时候，你会给地球上的其他人留下什么呢？如果你能够承担痛苦，而不是把它传递给别人，这将是形成你遗产的重要的第一步。然后，承诺要爱别人，甚至是那些伤害过你的人，这将是把你的遗产转变为爱的重要的第二步。

　　试想一下，在你离世后很长一段时间，你的爱依然可以存在，并活跃于别人的思想、心灵和生命之中。你可以通过你今天的生活方式开始留下爱的遗产。如果你的心充满了爱而不是苦涩，那么把爱传递给他人会变得更加容易。

　　你明白为什么原谅这么重要了吗？你有一个获得快乐并摆脱痛苦的机会，它将爱传递到那些伤害你的人的内心，并更广泛地传递给他人。你生活的意义和目的与决定留下爱的遗产密切相关。

黑夜已经远去，黎明即将到来

穿过了所谓的灵魂的黑夜，你已经经历了太多痛苦。你不应囿于黑暗。我想让你知道，那个让你长时间忍受痛苦的黑夜已经远去，现在你正在走向深层次的原谅、爱，甚至快乐的光明。黑暗并不是永恒的。有时我们必须像书中那样努力地走出黑暗。你的道路会越来越接近宽恕之光。

在温暖的阳光下站一会儿，感受它洒在你的脸上。

沉浸在温暖之中，这种温暖是你心中爱的开始，它可以透过你传递给这个世界，并直接进入他人心中……许多其他的人……在未来的很多年里。

你遭受的痛苦已经够多了。当你以仁慈、善意和美德去拥抱原谅与宽恕的世界时，你将沐浴在更加丰富、更有意义、更加快乐的温暖和光明之中。有了原谅与宽恕，你便再也不用离开这片光明。我并不是说痛苦永远不会再来了，我的意思是，当它到来的时候，它不会让你再回到那片混杂着自我怀疑的黑暗之中了。

现在你知道你是谁了。你是一个忍受了很多痛苦，依旧傲然挺立的人；你是一个看到在这个世界上放纵权力可以造成什么影响的人。你看到原谅与宽恕如何正面面对这股力量，并温柔地消除它的影响，消除那些黑暗、无助和绝望。你不会重回黑暗了。你已经找到了走出黑暗的路，学习了这八章中的内容，请把这个地图放在手边，这样你便永远都不会忘记你是谁，以及你的人生方向。

> **提醒 72**
>
> 原谅作为治愈你内心的手术可以挽救你的生命……还有别人的生命。

附录

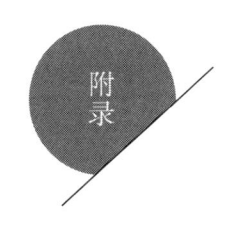

关于书中的提醒

下面列出了所有对你的提醒,作为回顾原谅之旅的一种方式。这个列表是对整本书的快速总结。(对于那些还没读过这本书的人来说,这不是"宽恕药丸",他们认为只要读了提醒,便会很快进行原谅并在情感上获得疗愈。)这个列表是为那些在本书中走过原谅之路的读者准备的,他们使用过每一把钥匙,做过练习,知道每一个提醒背后的深意。请阅读,回顾,并继续你的治愈之旅。

提醒1:科学支持这样一种观点,即你可以从生活的不公平境遇中获得情感上的治愈。原谅,正好可以给你带来这种治愈方法。

提醒2:原谅他人是对你自身情绪健康的一种保护,也是对你如何看待自己的一种保护。

提醒3:原谅使你的思考、感受和行动井然有序。

提醒 4：你的宽恕是如此强大，可以帮助你将混乱最小化。

提醒 5：你的宽恕可以帮助你对抗最残忍的不公正行为，这样你就不会被它打败。

提醒 6：当你去原谅他人时，你就会对那些不公平对待你的人产生仁慈之心。你可能与对方和解，也可能不会和解。

提醒 7：许多人发现，做出原谅的承诺是整个过程中最艰难的部分。

提醒 8：每个人都是特别的、独一无二的、不可替代的。要理解这一点需要时间和精力。

提醒 9：奉献之爱是一种把自己奉献给他人的爱。在一个人的生命中，要达到这样的境界需要时间和练习。

提醒 10：仁慈是奉献之爱的一种变体，它延伸到那个给你带来痛苦的人身上，需要耐心和努力才能掌握。

提醒 11：骄傲和权力可能会妨碍你去原谅。它们会阻碍你积极地改变自己。

提醒 12：权力和爱争夺着你的注意力。

提醒 13：无论何时，只要你愿意，你都可以去实践，培养更清晰的视角和奉献之爱。

提醒 14：你可以用更清晰的视角、奉献之爱和仁慈这三大原则来应对日常的小烦恼。

提醒 15：原谅会在你心中渐渐消失，直到你不再去想它。不要让这种情况发生，这是在帮你自己，也是在帮助别人。

提醒 16：坚持练习原谅可能是你一生中最大、最有价值的挑战之一。

提醒 17：如果你选择被治愈，那么请通过练习原谅来疗愈你的痛苦。

提醒 18：我们都有权利和义务。那些剥夺你权利的人对你是不公正的。

提醒 19：人们可能故意不遵守义务，也可能在意料之外被动地违反义务。在任何一种情况下，未能遵守义务都会损害你的权利。

提醒 20：对方对于权力的世界观可能会以善良的名义对你造成不公正，不要被他所说的你并没有受到不公正对待的论点所愚弄。

提醒 21：当你使用权力的视角时，你就曲解了不公正的意义。你会轻易地指责别人的不义，而事实上那并非不公正。摆脱权力，才能拥有更清晰的视野。

提醒 22：当有人对你施以不公时，其结果可能非常严重。你有权利处理那些具有破坏性的后果，尤其是使你内心混乱的内在影响。

提醒 23：原谅本身就是良善。

提醒 24：从心理学的角度来看，原谅是一个很好的实践，因为它可以治愈受伤的人。当我们专注于不公正的后果并想要从中获得疗愈时，并不意味着原谅就成了一种利己的行为。

提醒 25：你可以把原谅作为解药，帮助你面对生活中因不公平对待而造成的消极处境。

提醒 26：一个人现在的生活方式将对他以后生活的幸福感产生影响。一个现在伤害别人的人，在年老的时候可能会受到伤害他人所带来的影响。

提醒 27：在你受伤时，伤害你的人可能带有严重的创伤。

它们现在成了你的创伤。你会怎么处理它们呢？

提醒 28：你和伤害你的人有着人类共通的特质。

提醒 29：伤害你的人的那些与生俱来的价值，远胜于强加在你身上的伤。

提醒 30：当你把伤害你的人看成一个受伤的人、看成一个需要治愈的人，你会变得更坚强。

提醒 31：你正在努力做好原谅的准备，你只需要坚持下去，保持原谅的状态。

提醒 32：意义会给你所经历的痛苦带来希望，并最终给你的生活带来快乐。

提醒 33：从你所遭受的痛苦中寻找意义，是一条走出沮丧和绝望、走向更美好的道路。

提醒 34：当你根据你所遭受的痛苦来制定新目标时，你就给你的生活增添了新的意义。

提醒 35：你的痛苦可以帮助你看清什么是公正，什么是不公正。

提醒 36：你的痛苦可以帮助你意识到，你不会让这个世界上的恶夺走你的善……为了有益于他人。

提醒 37：你的痛苦不是白白承受的，它能让你感受到你内心的善良。

提醒 38：你的痛苦是使你强大的一种手段。

提醒 39：如果你愿意，你将从今天开始看到美，而不会只看到黑暗，而且你将永远不会让黑暗获胜。

提醒 40：痛苦会彰显你内心美的品质。

提醒 41：当你为那些心灵受伤的人服务时，你的心灵也将开始愈合。

提醒 42：痛苦可以增加你对原谅的认识。痛苦可以帮助你成为一个懂得原谅的人，并寻求别人的原谅。

提醒 43：试着理解你的信仰是如何看待痛苦和克服痛苦的，努力使自己成长为一个完整的人。

提醒 44：宽恕和正义一起"成长"，永远不要把任何一个抛在一边。

提醒 45：当痛苦加剧时，要知道，这不是你的最终状态。原谅最终会减少内心的痛苦以及这种痛苦带来的负面影响。

提醒 46：你不必害怕正视痛苦，因为原谅是你的安全网。原谅可以保护你免受痛苦带来的心灵创伤，使你更强大。

提醒 47：尽管被别人伤害，你仍然要意识到你是一个很有价值的人，这个价值是不能被剥夺的。

提醒 48：当你用长远的眼光看待你的困难时，你会发现一年后你将处于生命中不同的位置。

提醒 49：谦逊和勇气的结合可以帮助你避免过度的自我批评和对他人的过度批评。

提醒 50：拥有坚强的意志可以帮助你继续原谅，即使你累了，想要离开。

提醒 51：当你承受发生在你身上的痛苦时，你可能是在保护其他人和你的后代免于面对你的愤怒。

提醒 52：牺牲是在合理的范围内向他人伸出援手，即使这样做会让你感到不舒服。

提醒 53：如果你相信"至高无上的力量"，那么不要因为有人与你为敌而背弃它。

提醒 54：关于自我原谅不恰当或具有心理危险的警告似乎建立在对自我原谅错误的认知上，而并非自我原谅本身。

提醒 55：自我原谅包括寻求原谅，并补偿那些被你伤害的人（这些行为同样伤害了你）。

提醒 56：当你冒犯自己时，你可能会失去自己的内在价值感。是时候重新找回真相了：你是一个具有内在价值的人。

提醒 57：正确地看待自己：一个无论在何等状况下都值得你花些时间、给予尊重和仁慈的人。

提醒 58：当你能承受自己错误的行为所造成的痛苦时，你就会变得更强壮。

提醒 59：寻求别人的原谅需要谦逊和耐心，因为你允许别人以自己的速度去原谅。

提醒 60：修复你不公正行为的影响需要勇气和创造力，它可以帮助你摆脱内疚。

提醒 61：当你走在原谅的道路上时，希望可以同时也应该属于你。

提醒 62：你是一个充满爱的人，这是你的一部分。原谅可以帮助你重新去爱。

提醒 63：你的爱比任何可能遇到的不公正都更强大。你必须努力让爱在你身上变得强大。

提醒 64：你可以爱……即使是那些不曾爱过你的人。

提醒 65：你是一个有爱的人，即使面对严重的权力攻击。

提醒 66：你的痛苦可以帮助你更成熟地理解什么是谦逊、勇气和爱。

提醒 67：你的原谅可以保护你所爱之人的情感健康。

提醒 68：你的原谅保护了伤害你的人。

提醒 69：你的原谅可以保护你所在的社区免于遭受你不健康的愤怒。

提醒 70：你的原谅可以保护后代免受不健康的愤怒。

提醒 71：快乐可以是首次在你身上出现，也可以是在你身上重新点燃……然后再传递给别人。

提醒 72：原谅作为治愈你内心的手术可以挽救你的生命……还有别人的生命。

推荐阅读

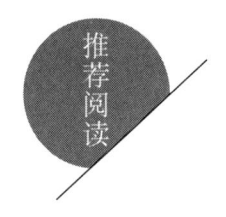

Dalai Lama, & Chan, V. (2005). *The wisdom of forgiveness.* New York: Riverhead Books. （这本书适合佛教徒阅读。）

Enright, R. D. (2001). *Forgiveness is a choice.* Washington, DC: APA Books. （这本书适合大众阅读，从心理学的观点来探讨原谅和宽恕。）

Enright, R. D. (2004). *Rising above the storm clouds.* Washington, DC: Magination Press. （这本书是由美国心理学会出版的，是一本适合儿童阅读的绘本，里面附有父母指引。）

Enright, R. D. (2012). *The forgiving life.* Washington, DC: APA Books. （这本书适合大众阅读，从心理学的观点来探讨原谅和宽恕，相较于 *Forgiveness is a Choice*，本书涉及的内容更为宽广。）

Enright, R. D. (2012). *Anti-bullying forgiveness program: Reducing the fury within those who bully.* Madison, WI: International Forgiveness Institute. （这本书是提供给学校咨询师和心理学家的指南，针对11岁到14岁之间的学生。您可以在以下网站上找到相关内容：www.internationalforgiveness.com。）

Enright, R. D., & Fitzgibbons, R. (2015). *Forgiveness therapy.* Washington, DC: APA Books.（这本书适合专业人士阅读。）

Enright, R. D., & Knutson Enright, J. A. (2010). *Reaching out through forgiveness: A guided curriculum for children, ages 9–11.* Madison, WI: International Forgiveness Institute.（这本书是为四年级教师和家长提供的课程[针对9–11岁的学生]。还有与之类似的针对4–18岁儿童与青少年的17套课程指南，您可以在以下网站上找到相关内容：www.internationalforgiveness.com。）

Klein, C. (1997). *How to forgive when you can't forget.* New York: Berkley.（这本书适合犹太教徒阅读。）

Smedes. L. B. (2007). *Forgive & forget.* New York: HarperOne.（这本书适合基督徒阅读。）

Worthington, E. L., Jr. (Ed.) (2005). *Handbook of forgiveness.* New York: Routledge.（这本书适合对原谅和宽恕进行学术研究的学者阅读。）

Enright, R. D., Knutson, J. A., Holter, A. C., Baskin, T., & Knutson, C. (2007). Waging peace through forgiveness in Belfast, Northern IrelandII: Educational programs for mental health improvement of children. *Journal of Research in Education*, Fall, 63–78.

Enright, R. D., Rhody, M., Litts, B., & Klatt. J. S. (2014). Piloting forgiveness education in a divided community: Comparing electronic pen-pal and journaling activities across two groups of youth. *Journal of Moral Education*, *43*, 1–17. doi: 10.1080/03057240.2014.888516.

Fitzgibbons, R. P. (1986). The cognitive and emotive uses of forgiveness therapy in the treatment of anger. *Psychotherapy, 23*, 629–633. http://dx.doi.org/10.1037/h0085667.

Freedman, S. R., & Enright, R. D. (1996). Forgiveness as an intervention goal with incest survivors. *Journal of Consulting and Clinical Psychology, 64*(5), 983–992. http://dx.doi.org/10.1037/0022-006X.64.5.983.

Gambaro, M. E., Enright, R. D., Baskin, T. A., & Klatt, J. (2008). Can school-based forgiveness counseling improve conduct and academic achievement in academically at-risk adolescents? *Journal of Research in Education*, *18*, 16–27.

Hansen, M. J., Enright. R. D., Baskin, T. W., & Klatt, J. (2009). A palliative care intervention in forgiveness therapy for elderly terminally-ill cancer patients. *Journal of Palliative Care*, *25*, 51–60. PMid: 19445342.

Holter, A. C., Magnuson, C., Knutson, C., Knutson Enright, J. A., & Enright, R. D. (2008). The forgiving child: The impact of forgiveness education on excessive anger for elementary-aged children in Milwaukee's central city. *Journal of Research in Education*, *18*, 82–93.

Lin, W. F., Mack, D., Enright, R. D., Krahn, D., & Baskin, T. (2004). Effects of forgiveness therapy on anger, mood, and vulnerability to substance use among inpatient substance-dependent clients. *Journal of Consulting and Clinical Psychology*, *72*(6), 1114–1121. http://dx.doi.org/10.1037/0022-006X.72.6.1114; PMid:15612857.

Park, J. H., Enright, R. D., Essex, M. J., Zahn-Waxler, C., & Klatt, J. S. (2013). Forgiveness intervention for female South Korean adolescent aggressive victims. *Journal of Applied Developmental Psychology*, *20*, 393–402. http://dx.doi.org/10.1016/j.appdev.2013.06.001.

Reed, G., & Enright, R. D. (2006). The effects of forgiveness therapy on depression, anxiety, and post-traumatic stress for women after spousal emotional abuse. *Journal of Consulting and Clinical Psychology*, *74*, 920–929. http://dx.doi.org/10.1037/0022-006X.74.5.920; PMid:17032096.

Ricciardi, E., Rota, G., Sani, L., Gentili, C., Gaglianese, A., Guazzelli, M., & Petrini, P. (2013). How the brain heals emotional wounds: The functional neuroanatomy of forgiveness. *Frontiers in Human Neuroscience, 7,* article 839, 1–9 (quotation is from page 1). doi: 10.3389/fnhum.2013.00839.

Waltman, M. A., Russell, D. C., Coyle, C. T., Enright, R. D., Holter, A. C., & Swoboda, C. (2009). The effects of a forgiveness intervention on patients with coronary artery disease. *Psychology and Health, 24,* 11–27. http://dx.doi.org/10.1080/08870440801975127; PMid: 20186637.

Wilder, T. (1938/1957). *Our town: A play in three acts.* New York: Harper & Row.

Vitz, P. C., & Meade, J. (2011). Self-forgiveness in psychology and psychotherapy: A critique. *Journal of Religion and Health, 50,* 248–259. doi: 10.1007/s10943-010-343-x.